一本书学会

水电工
现场操作技能

袁宝生　主编

贺翠红　蔡卫娜　副主编

U0387240

 化学工业出版社

·北京·

本书结合现场水电工改水改电的实际工作经验，介绍了水电工必备工具与仪表的使用，室外低压线路施工、室内用电布线、照明装置的安装，以水电工必知的水电五金材料知识，水电工识图、布线与安全用电，照明与弱电用电器的安装，给排水管道安装等改水改电必备操作知识与技能，以帮助施工技术人员熟悉水电工知识，掌握水电工操作要点，轻松上岗。

　　本书内容全面、简明实用，可供初学者，水电安装、操作、维修人员以及电工技术人员阅读。

图书在版编目（CIP）数据

　　一本书学会水电工现场操作技能/袁宝生主编.—北京：化学工业出版社，2017.1（2020.8重印）
　　ISBN 978-7-122-28459-4

　　Ⅰ.①一⋯　Ⅱ.①袁⋯　Ⅲ.①房屋建筑设备-给排水系统-基本知识②房屋建筑设备-电气设备-基本知识
　　Ⅳ.①TU821②TU85

　　中国版本图书馆 CIP 数据核字（2016）第 264725 号

责任编辑：刘丽宏　　　　　　　　　　文字编辑：汲永臻
责任校对：王素芹　　　　　　　　　　装帧设计：刘丽华

出版发行：化学工业出版社（北京市东城区青年湖南街 13 号　邮政编码 100011）
印　　装：北京盛通数码印刷有限公司
850mm×1168mm　1/32　印张 9¼　字数 273 千字
2020 年 8 月北京第 1 版第 8 次印刷

购书咨询：010-64518888　　　售后服务：010-64518899
网　　址：http://www.cip.com.cn
凡购买本书，如有缺损质量问题，本社销售中心负责调换。

定　　价：29.80 元

前 言

随着经济发展，人民群众的物质生活水平日益提高，建筑家装行业迅速崛起，水电工也成为建筑家装领域的热门职业。家居装修时会碰到不少的问题，其中最难的问题恐怕就是水电安装的问题。由于装修过程中水路和电路大多是隐蔽工程，水电工不但需要懂电知识，也需要懂管工知识，不仅要懂强电，还要懂弱电，而且随着水电工程的要求越来越标准、规范和严格，水电新材料和新技术的不断涌现，水电安装人员迫切需要掌握全面、规范的安装和施工技术。为此，我们编写了本书。

本书结合现行的水电工岗位施工规范和标准，以及现场水电工改水改电的实际工作经验，以实例与图表讲解的方式，全面介绍了家装水工、电工现场操作技能与各项施工注意事项。主要内容包括水电工必备工具与仪表的使用，水电工必知的水电五金材料知识，水电工识图、布线与安全用电，照明与弱电用电器的安装，给排水管道安装等改水改电必备操作知识与技能，以帮助施工技术人员熟悉水电工知识，掌握水电工操作要点，轻松上岗。

读者可以通过大量的现场图片和安装、施工图及二维码视频直观地学习家装水电工必备的基础知识和现场操作技能。

本书由袁宝生主编，贺翠红、蔡卫娜副主编，参加本书编写的还有张亮、王志永、袁建国、李维忠、许振兴、裴广龙、王彦伦、郑号、张珺、周波、周俞、李亚旭、刘兴杰、马绪滨、张颖伟、王海林、化亮、郭玉良、赵庆军、王秋杰、顾明浩、于怀明、王志一、陈继胜、刘江南、程海红 、顾玉龙、杨明圣、徐凯、郭超、马冠军、郭树增、李江永、崔吉令、李胜龙、魏友、顾玉超、顾振浩、雅鹏、万雪峰、刘彦斌、陈永陶、张伯虎等，在此成书之际以表示感谢。

　　由于时间仓促，书中不足之处难免，恳请广大读者批评指正。

编者

目 录

第1章　电工基础

第2章　家庭配电线路设计

第3章　电工线路安装基本技能

第4章 水工基础知识

136

第5章 水工操作技能

第6章 卫生洁具的安装操作

第7章　水电工常用工具仪表 214

● 视频讲解清单

- 68 页-导线剥削与连接
- 77 页-导线切削与绝缘恢复
- 92 页-配电箱安装
- 92 页-室外配电箱安装
- 93 页-单联插座接线
- 93 页-多联插座接线
- 101 页-线管布线
- 284 页-电路基本计算
- 135 页-日光灯布线
- 135 页-日光灯插座管槽布线
- 135 页-声光控开关灯座
- 197 页-淋雨花洒安装
- 214 页-电工工具的使用
- 255 页-指针万用表的使用
- 258 页-数字万用表的使用

1 电工工具的使用

2 数字万用表的使用

3 指针万用表的使用

4 检测相线与零线

5 电缆断线的检测

6 线材绝缘与设备漏电的检测

第1章

电工基础

1.1 电气线路识读

下面以某建筑设计院为某厂设计的住宅楼电气线路为例，说明其读图方法。

表1-1是该项工程的图样目录，从目录可知该住宅楼的电气线路包括照明、电话、有线电视及防雷四部分。

表1-2是该项工程的设备材料表，表达了主要设备的规格型号、安装方式及标高，说明了系统的基本概况及保安方式。本系统采用三相四线制进线，进线后采用三相五线制。这里要注意到，重复接地和防雷接地是利用基础地梁内的主钢筋为接地极的，其引线必须与主钢筋可靠焊接，同时防雷的避雷带的引下线是利用结构柱内的主钢筋作为引下线的。重复接地和保护接地共用同一接地极，接地电阻不应大于4Ω，否则应补打接地极。有关照明配电箱内的开关设备、计量仪表的规格型号表中没有说明，但在配电系统图中作了详尽说明。

表1-1　图样目录（格式）

×× 市设计院	图样目录		工程编号
	工程名称	××制氧机厂	98—046
1998年8月14日	项目	住宅楼	共1页第1页

序号	图别图号	图样名称	采用标准图或重复使用图 图集编号或工程编号	图别图号	图样尺寸	备注
1	电施 1/12	说明　设备材料表			2#	
2	电施 2/12	底层组合平面图			2#加长	
3	电施 3/12	配电系统图			2#加长	
4	电施 4/12	BA型标准层照明平面图			2#加长	
5	电施 5/12	BA型标准层弱电平面图			2#加长	
6	电施 6/12	B型标准层照明平面图			2#	
7	电施 7/12	B型标准层弱电平面图			2#	
8	电施 8/12	C型标准层照明平面图			2#	
9	电施 9/12	C型标准层弱电平面图			2#	
10	电施 10/12	地下室照明平面图			2#加长	
11	电施 11/12	屋顶防雷平面图			2#加长	
12	电施 12/12	CATV系统图				
		电话系统图			2#	

审查　　　　　　　　　　校对　　　　　　　　　　填表人

表1-2　设备材料表

图例	设备名称	设备型号	单位	备注
■	照明配电箱	XRB03-G1(A)改	个	底距地1.4m暗装
■	照明配电箱	XRB03-G2(B)改	个	底距地1.4m暗装
⊢—⊣	荧光灯	30W	套	距地2.2m安装
⊢—⊣	荧光灯	20W	套	距地2.2m安装
③	环形荧光吸顶灯	32W	套	吸顶安装
①	玻璃罩吸顶灯	40W	套	吸顶安装
②	平盘灯	40W	套	吸顶安装
⊗	平灯口	40W	套	吸顶安装

续表

图例	设备名称	设备型号	单位	备注
	二联单控翘板开关	P86K21-10	个	距地 1.4m 暗装
	二三极扁圆两用插座	P86Z223A10	个	除卫生间、厨房阳台插座安装高度为 1.6m 外其他插座安装高度均为 0.3m，卫生间插座采用防溅型
	单联单控翘板防溅开关	P86K21F-10	个	距地 1.4m 暗装
	单联单控翘板开关	P86K11-10	个	距地 1.4m 暗装
	拉线开关	220V/4A	个	距顶 0.3m
	光声控开关	P86KSGY	个	距顶 1.3m 暗装
	电组组线箱	ST0-10ST0-30	个	底距地 0.5m
	电话过路接线盒	146HS60	个	底距地 0.5m
	电视前端箱	400mm×400mm×180mm	个	距地 2.2m 暗装
	分支器盒	200mm×200mm×180mm	个	距地 2.2m 暗装
Ⓗ	电话出线座	P86ZD-I	个	距地 0.3m 暗装
Ⓣ	有线电视出线座	P86ZTV-I	个	距地 0.3m 暗装
	二极扁圆两用插座	220V/10A	个	距地 2.3m 安装
	接地母线	−40mm×4mm 镀锌扁钢或基础梁内主钢筋	m	
	避雷带	φ8mm 镀锌圆钢	m	
	管内导线	BX35mm²、BX25mm²	m	
	管内导线	BV35mm²、BV25mm²、BV10mm²	m	
	管内导线	BV2.5mm²	m	
	电话电缆	HYV(2×0.5)×10	m	
	电话电缆	HYV(2×0.5)×20	m	
	电视电缆	SYV-75-9	m	
	电视电缆	SYV-75-5	m	
	电话线	RVB(2×0.2)	m	
	焊接钢管	SC50、SC32、SC25	m	
	PVC 阻燃塑料管	PVC15	m	

设计说明如下：

(1) 土建概况：本工程为砖混结构，标准层层高 2.8m。

(2) 供电方式：本工程电源为三相四线架空引入，引自外电杆，电压为 380V/220V。

(3) 导线敷设：采用焊接钢管或 PVC 管在墙、楼板内暗敷，图中未注明处为 BV(3×2.5)SC15 或 BV(3×2.5)PVC15 相序分配上 1～2 层为 A 相，3～4 层为 B 相，5～6 层为 C 相。

(4) 保护：本工程采用 TN-C-S 制，电源在进户总箱重复接地。利用基础地梁做接地极，接地电阻不大于 4Ω，否则补打接地极。所有配电箱外壳、穿线钢管均应可靠接地。

(5) 防雷：屋顶四周做避雷带，并利用图中所示结构柱内两根主钢筋做引下线，顶部与避雷带焊接，底部与基础地梁焊为一体，实测接地电阻不大于 4Ω，否则补打接地极。

(6) 电话及有线电视：电话线采用架空引入，电话干线采用电缆，分支线采用 RVB(2×0.2) 型电话线。有线电视采用架空引入，各层设置分支器盒，有线电视干线采用 SYV-72-9 型电缆，分支线采用 SYV-72-5 型电缆。

(7) 其他：本工程施工做法均参见《建筑电气通用图集》。

施工中应密切配合土建、设备等其他专业，做好管道预埋及孔洞预留工作。

1.1.1 配电系统图的识读

图 1-1 所示为该照明电路的系统图。

1.1.1.1 系统特点

系统采用三相四线制，架空引入，导线为三根 35mm² 加一根 25mm² 的橡胶绝缘铜线（BX）引入后穿直径为 50mm 的水煤气管（SC）埋地板（FC），引入到第一单元的总配电箱。第二单元总配电箱的电源是由第一单元总配电箱经导线穿管埋地板引入的，导线为三根 35mm² 加两根 25mm² 的塑料绝缘铜线（BV），35mm² 的导线为相线，25mm² 的导线一根为工作零线，一根为保护零线。穿管均为直径 50mm 的水煤气管。其他三个单元总配电箱的电源的取得与上述相同，如图 1-2 所示。

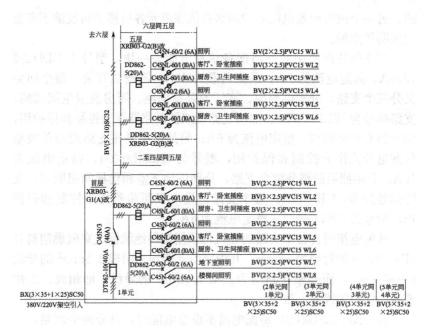

图 1-1　照明配电系统图

这里需要说明一点，经重复接地后的工作零线引入第一单元总配电箱后，必须在该箱内设置两组接线板，一组为工作零线接线板，各个单元回路的工作零线必须由此接出；另一组为保护零线接线板，各个单元回路的保护零线必须由此接出。两组接线板的接线不得接错，不得混接。最后将这两组接线板的第一个端子用截面积为 $25\mathrm{mm}^2$ 的铜线可靠连接起来。这样，就形成了说明中要求的 TN-C-S 保护方式。

1.1.1.2　照明配电箱

照明配电箱分两种，首层采用 XRB03-G1（A）型改制，其他层采用 XRB03-G2（B）型改制，其主要区别是前者有单元的总计量电能表，并增加了地下室照明回路和楼梯间照明回路。

（1）XRB03-G1（A）型配电箱配备三相四线总电能表一块，型号为 DT862-10（40）A，额定电流为 10A，最大负载为 40A；配备总控三极断路器一块，型号为 C45N/3（40A），整定电流为 40A。该箱有三个回路，其中两个配备电能表的回路分别是供首层两个住户使用的，另一个没有配备电能表的回路是供该单元各层楼梯间及地下室公用照明使用的。

其中供住户使用的回路配备单相电能表一块，型号为 DD862-5(20)A，额定电流为 5A，最大负载为 20A，不设总开关。每个回路又分三个支路，分别供照明、客厅及卧室插座、厨房及卫生间插座，支路标号为 WL1～WL6。照明支路设双极断路器作为控制和保护用，型号为 C45N-60/2，整定电流为 6A；另外两个插座支路均设单极空气漏电开关作为控制和保护用，型号为 C45NL-60/1，整定电流为 10A。公用照明回路分两个支路，分别供地下室和楼梯间照明用，支路标号为 WL7 和 WL8。每个支路均设双极断路器作为控制和保护用，型号为 CN42-60/2，整定电流为 6A。

从配电箱引自各个支路的导线均采用塑料绝缘铜线穿阻燃塑料管（PVC），保护管径为 15mm，其中照明支路均为两根 2.5mm² 的导线（一零一火），而插座支路均为三根 2.5mm² 的导线，即相线、工作零线、保护零线各一根。

（2）XRB03-G2(B) 型配电箱不设总电能表，只分两个回路，供每层的两个住户使用，每个回路又分三个支路，其他内容与 XRB03-G1（A）型相同。

（3）该住宅为 6 层，相序分配上 A 相 1～2 层，B 相 3～4 层，C 相 5～6 层，因此由一层到六层竖直管路内导线是这样分配的：

① 进户四根线：三根相线，一根工作零线。

② 1～2 层管内五根线：三根相线，一根工作零线，一根保护零线。

③ 2～3 层管内四根线：二根相线（B、C），一根工作零线，一根保护零线。

④ 3～4 层管内四根线：二根相线（B、C），一根工作零线，一根保护零线。

⑤ 4～5 层管内三根线：一根相线（C），一根工作零线，一根保护零线。

⑥ 5～6 层管内三根线：一根相线（C），一根工作零线，一根保护零线。

需要说明一点，如果支路采用金属保护管，管内的保护零线可以省掉，而利用金属管路作为保护零线。

1.1.2 平面图的识读

1.1.2.1 底层组合平面图

图 1-2 所示为该电气线路的组合平面图（附加图），主要说明电源引入、电话线引入、有线电视引入以及楼梯间管线引上引下，仅以某一单元为例加以说明。

（1）电源的引入是在标高 2.8m 处架空引入的，然后埋地板引到楼梯间的总配电箱 A 内。由 A 箱引出三个回路，其中引上（↗）是由首层引至二层配电箱的电源，引下（↙）是由首层引至地下室照明的电源，引至声控开关（↑）是楼梯照明的电源，同时由声控开关处上引至上层楼梯照明处，然后再引至上层直到顶层。这个声控开关就是这层楼梯照明的开关。楼梯间照明共为 5 盏平灯口灯吸顶安装，每层一盏，每盏功率为 25W。

这里还有一个引出回路，就是经楼板穿管后引至相邻单元总照明箱的电源，在系统图中已进行说明。

（2）单元入口处的地下室门口有一拉线开关（↗）并标有由下引来的符号，这是地下室进口处照明灯的开关（暗盒设置），导线是穿管由下引来的。

（3）单元入口处的左隔墙上标有有线电视电缆的引入，标高为 2.8m，用同轴电缆穿水煤气管埋楼板引入至楼梯间声控开关右侧的前端箱内，这里标有向上引的符号↗，表示由此向上层同样位置引管，然后再引管直至顶层。引入电缆采用 SYV72-9 同轴电缆，穿管采用直径为 25mm 水煤气管。

（4）单元入口处的右隔墙上标有外线电话电缆的引入，标高为 2.8m，用电话电缆穿管埋楼板引入至楼梯间入口处的电话组线箱内，同样标有向上引的符号，表示由此向上层同样位置引管，然后再引管直到顶层。引入电缆采用 HYV（2×0.5）×20 电话电缆，20 对线，线芯直径为 0.5mm，穿管采用直径为 32mm 水煤气管。

（5）墙体四周标有↙符号共 14 处，表示柱内主钢筋为接地避雷引下线，主筋连接必须电焊可靠。在伸缩缝处应用 φ32mm 镀锌圆钢焊接跨接。

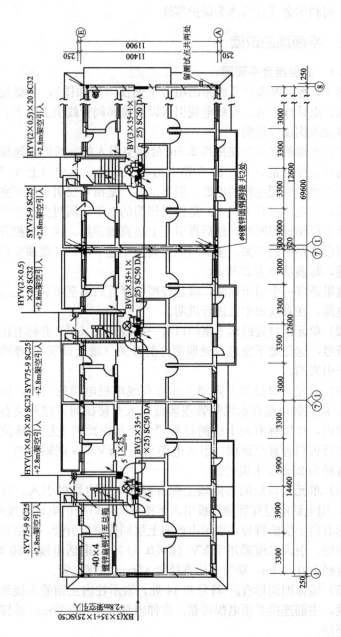

图 1-2 底层组合平面图

（6）左、右边墙上留有接地测试点各一处，一般用铁盒装饰。

1.1.2.2 标准层照明平面图

如图 1-2 所示，该楼分五个单元，其中中间三个单元的开间尺寸及布置相同，两个边单元各不相同，并与中间单元开间布置不同。因此，五个单元照明平面图只有三种布置，现以右边单元 BA 型标准层照明平面图为例说明。照明平面图的识读如图 1-3 所示。

（1）左侧①～④轴房号。

① 根据设计说明中的要求，图中所有管线均采用焊接钢管或 PVC 阻燃塑料管沿墙或楼板内敷设，管径为 15mm，采用塑料绝缘铜线，截面积为 2.5mm²。管内导线根数按图中标注，在黑线（表示管线）上没有标注的均为两根导线，凡用斜线标注的应按斜线标注的根数计，如 ／／／—即为三根导线。

② 电源是从楼梯间的照明配电箱 E 引入时，共有三个支路，即 WL1、WL2、WL3，这和系统图是对应的，但是其中 WL3 引出两个分路，一是引至卫生间的图（二三极扁圆两用插座）上，图中的标注是经⑱轴用直角引至Ⓑ轴上的，实际上这根管是由 E 箱直接引出经地面或楼板再引至插座上去的，不必有直角弯。另一是经③轴沿墙引至厨房的两个插座，③轴内侧一只，Ⓓ轴外侧阳台一只，实际工程中也应为直接埋楼板引去，不必沿墙拐直角弯引去。按照设计说明的要求，这三只插座的安装高度为 1.6m，且卫生间应采用防溅式，全部暗装。两分路在箱内则由一个开关控制。

③ WL1 支路引出后的第一接线点是卫生间的玻璃罩吸顶灯（①1#）40W、吸顶安装，标注为 $3\dfrac{1\times40}{}S$，这里的 3 是与相邻房号卫生间（见图 1-3 的右上角⑦-⑧轴与Ⓒ-Ⓓ之间）共同标注的。然后再从这里分散出去，共有三个分路，即 WL9-1、WL9-2、WL9-3。我们注意到这里还有引至卫生间入口处的一管线，接至单联单控翘板防溅开关（⛏）上，这一管线不能作为一分路，因为它只是控制 1#灯的一开关。该开关暗装，标高为 1.4m，图中标注的三根导线中一根为保护线。

④ WL1-1 分路是引至Ⓐ-Ⓑ轴卧室照明的电源，在这里 3# 又分散出两个分支路，其中一路是引至另一卧室荧光灯的电源，另一路是

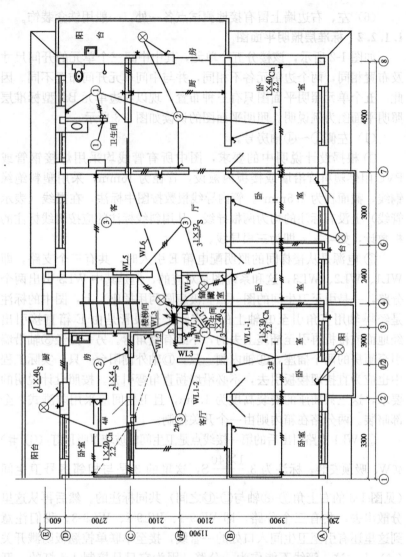

图 1-3　BA 型标准层照明平面图

引至阳台平灯口吸顶灯的电源。在 WL9-1 分路的三个房间的入口处，均有一单联单控翘板开关（✓）。控制线由灯盒处引来，分别控制各灯。其中荧光灯为 30W，吊高为 2.2m，链吊安装（Ch），标注为

$4\dfrac{1\times 30}{2.2}$Ch，这里的 4 是与相邻房号共同标注的；而阳台平灯口吸顶

灯为 40W，吸顶安装，标注为 $6\dfrac{1\times 40}{}$S，这里的 6 包括储藏室和楼

梯间的吸顶灯。这标注在 WL9-2 分路的阳台（见图 1-3 左上角 D-E 轴的阳台）上。而单控翘板开关均为暗装，标高为 1.4m。

⑤ WL9-2 分路是引至客厅、厨房及ⓒ-Ⓔ轴卧室及阳台的电源。其中，客厅为一环形荧光吸顶灯（③2#），功率为 32W，吸顶安装，

标注为 $3\dfrac{1\times 32}{}$S，这个标注写在相邻房号的客厅内。该环形荧光吸

顶灯的控制为一单联单控翘板开关，安装于进口处，暗装同前。从 2 #灯将电源引至ⓒ-Ⓓ轴的卧室一荧光灯处，该灯为 20W，吊高为 2.2m，链吊，其控制为门口处的单联单控翘板开关，暗装同前。从 4#灯又将电源引至阳台和厨房，阳台灯具同前阳台，厨房灯具为一

平盘吸顶灯，功率为 40W，吸顶安装，标注为 $2\dfrac{1\times 40}{}$S（为共同标

注），控制开关于入口处，安装同前。

⑥ WL9-3 分路是引至卫生间本室内④轴的二极扁圆两用插座，暗装，安装高度为 2.3m（为了与另一插座取得一致，应为 1.6m）。

由上分析可知，1#、2#、3#、4#灯处有两个用途，一是安装本身的灯具，二是将电源分散出去，起到分线盒的作用，这在照明电路中是最常用的。再者从灯具标注上看，同一张图样上同类灯具的标注可只标注一处，这在识读中要注意。

⑦ WL2 支路引出后沿③轴、ⓒ轴、①轴及楼板引至客厅和卧室的二三极两用插座上，实际工程均为埋楼板直线引入（见图 1-3 中虚线），没有沿墙直角弯，只有相邻且于同一墙上安装时，才在墙内敷设管路（见⑦轴墙上插座）。插座回路均为三线（一相线、一保护线、一工作零线），全部暗装，在厨房和阳台安装高度为 1.6m，在卧室安装高度均为 0.3m。

⑧ 楼梯间照明为 40W 平灯口吸顶安装，声控开关距顶 0.3m；配电箱暗装，下皮距地面 1.4m。

（2）右侧④～⑧轴房号。

右侧④～⑧轴房号的线路布置及安装方式基本与①～④轴相同，

只是灯具及管线较多而已。需要说明一点的就是于⑦轴上的两只翘板开关对应安装，标高一致即可。

综上所述，可以明确看出，标注在同一张图样上的管线，凡是照明及其开关的管线均由照明箱引出后上翻至该层顶板上敷设安装，并由顶板再引下至开关上；而插座的管线均由照明箱引出后下翻至该层地板上敷设安装，并由地板上翻引至插座上（只有从照明回路引出的插座才从顶板引下至插座处）。

图 1-4 和图 1-5 所示为该楼 C 型标准层和 B 型标准层的照明平面

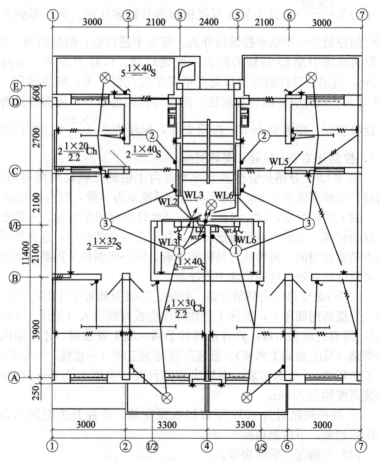

图 1-4　C 型标准层照明平面图

图，读者可自行分析，方法与 BA 型基本相同。为了进一步说明插座回路应尽量减少直角管线，在图中作了部分修改，请读者注意左右对照。

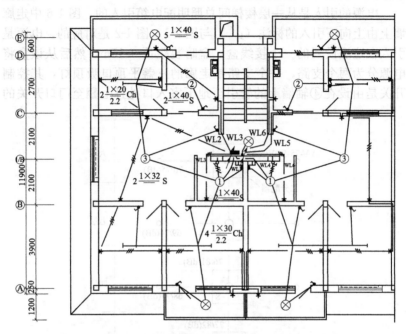

图1-5 B型标准层照明平面图

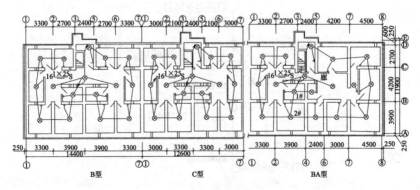

图1-6 地下室照明平面图

1.1.2.3　地下室照明平面图

图 1-6 所示为该楼地下室照明平面图。由图可知，地下室也分五个单元，仅以 BA 型为例进行说明。

电源的引入是从一层楼梯间总照明配电箱引入的，图 1-6 中走廊墙上由上向下引入的标注（↙）与图 1-1、图 1-2 是对应的。电源是引入在这里设置的一个接线盒，盒暗装距顶 0.15m，然后从该盒将电源分为两个支路，一个支路是走廊的三盏平顶口吸顶灯，其控制开关是由设在④轴墙上的管引至地下室入口处且上翻至门口开关的

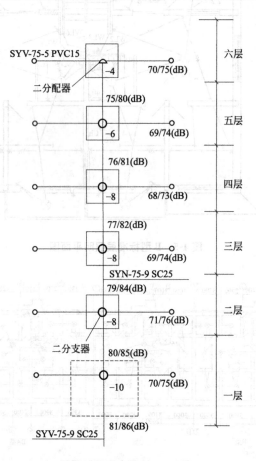

图 1-7　有线电视系统图

（见图 1-2）；另一个支路是先引至 1♯地下室，然后再从 1♯地下室引至 2♯地下室，从 2♯地下室再引至其他各室，每室均在门口开门处设置拉线开关（⍩），一般明装，距顶 0.15m。所有的管线均采用 BV（3×2.5）穿钢管暗设于顶板内，管径为 15mm，灯具标注为 $18\dfrac{1\times25}{—}$S，即共 18 盏，每盏功率为 25W，吸顶安装。其他单元与之基本相同，可自行分析。

1.1.3　弱电系统图的识读

该住宅楼弱电只包括电话和有线电视，且均为直接使用，没有机房设备，因此较为简单。

1.1.3.1　系统图

图 1-7 和图 1-8 所示分别是有线电视系统图和电话系统图。

（1）由图 1-7 可知，有线电视的信号用 SYV-72-9 同轴电缆架空引入后穿管引至前端箱，引入信号的电平为 81/86dB，分子表示低频道电平值，分母表示高频道电平值，其电缆衰减为 1dB，即前端的输出为 80/85dB，其前端插接损耗为 10dB，即一层用户电平为 70/75dB，用户端电平标准规定为 70dB，因此可正常收看。

由一层前端到二楼二分支器为 SYV-75-9 同轴电缆穿管垂直敷设，电缆衰减为 1dB，则二分支器输出为 79/84dB，二分支器插接损耗为 8dB，二层用户电平为 71/76dB。

由二楼到五楼二分支器输出分别为 77/82dB、76/81dB、75/80dB，用户电平分别为 69/74dB、68/73dB、69/74dB。六楼二分配器损耗为 4dB，电缆损耗为 1dB，因此用户电平为 70/75dB。

每层均为两个用户，其接收终端电平均在标准允许范围以内。

（2）由图 1-8 可知，电话线路由 HYV 电话电缆架空引入后穿管引至一层的电话组线箱，STD 组线箱有四个作用，一是一层用户的接线箱，二是二层用户的分线箱（由此引至二层的过路接线盒），三是三层组线箱的接线箱，四是架空引入接线箱。三层和五层设置的组线箱与此基本相同。

干线电缆使用 HYV（2×0.5）×10 电话电缆，穿焊接钢管，管径为 25mm，垂直埋藏敷设；支线使用 RVB（2×0.2）×2 电话电

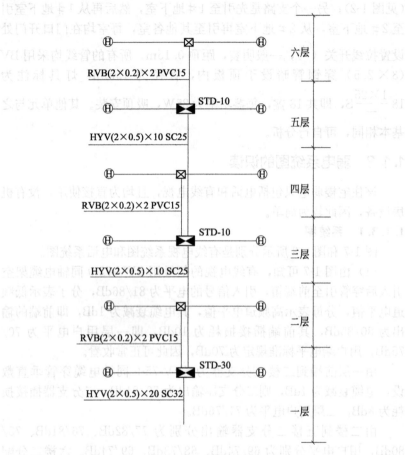

图 1-8   电话系统图

线, 穿管 (PVC 阻燃塑料管) 埋墙敷设, 管径为 15mm。

1.1.3.2   平面图

图 1-9～图 1-11 所示分别为 BA 型、C 型、B 型标准层弱电平面图。仅以图 1-9 为例说明, 由图可知, 设在楼梯间的电缆电视前端箱 ZTV 暗装于 ⑱ 轴的墙上, 下皮距地面 2.2m, 管线由下引来并再引上 (↗)。一层的 ZTV 管线由 2.8m 标高处引入后经一层顶板到 ⑱ 轴处再下翻引入箱内, 二层的 ZTV 管线由一层的 ZTV 前端箱

顶部引出经一层顶板到二层的⑰⑱轴 2.2m 处引入箱内。由箱内引出

只有两个用户插座（ TV ），用 SYV-72-5 同轴电缆穿 PVC 管经⑰⑱ 轴的墙体及地板引至用户插座，管径为 15mm，用户插座距地面 0.3m 暗装，分别位于客厅的⑧轴和⑤轴上。同样指出，这一管线不应有直角弯，应直线引入，这里不作修改，可参见图 1-4 和图 1-5。三层的引入同上，直到顶层。

　　设在楼梯间的电话组线箱 ZTP 暗装于⑤轴的墙上，下皮距地面 0.5m，管线由下引来并再引上，一层的 ZTP 管线由 2.8m 标高处引

入经⑤轴墙体下翻至箱内。由箱内只引出两个用户插座（ TP ），用电话软线 RVB（2×0.2）穿 PVC 管经地板引至用户插座，管径为 15mm，用户插座距地面 0.3m 暗装，分别位于客厅的ⓒ轴和⑦轴上。二层以上的引入同电缆电视。

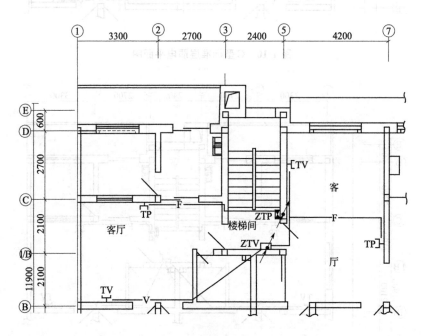

图 1-9　BA 型标准层弱电平面图

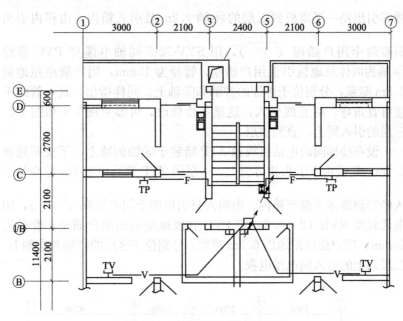

图 1-10　C 型标准层弱电平面图

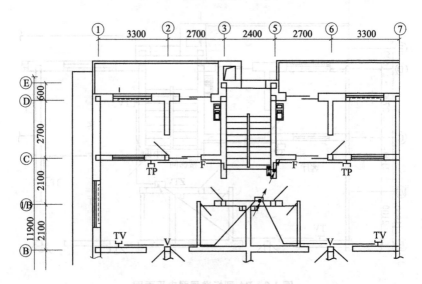

图 1-11　B 型标准层弱电平面图

1.1.4　防雷系统图的识读

一般民用住宅楼的防雷系统只画出屋顶防雷平面图并附有说明，只有高层建筑除屋顶防雷外，还有防侧雷的避雷带以及接地装置的布置等，这里只说明一般民用住宅楼的屋顶防雷平面图，如图 1-12 所示。

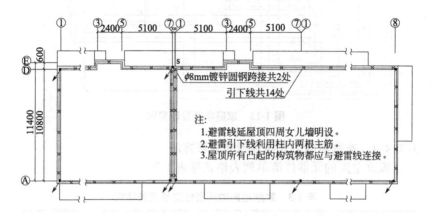

图 1-12　屋顶防雷平面图

屋顶避雷线用 $\phi 8\sim12$ mm 镀锌圆钢沿屋顶边缘或四周女儿墙明设安装，其支持件是专用镀锌卡子，间距一般是 $600\sim800$ mm（图中未标出）。该避雷线是与结构柱中主钢筋可靠焊接的，作为引下线共有 14 处（↙），这与图 1-12 是对应的。屋顶其他凸出物（如烟囱、抽气筒、水箱间或其他金属物等）均应用 $\phi 8$ mm 镀锌圆钢与其可靠连接。图中伸缩缝 S 处应分别设置避雷线，且用 $\phi 8$ mm 镀锌圆钢跨接。要求柱内与梁内主钢筋应可靠焊接，接地电阻$\leqslant 4\Omega$，如果达不到则应在距底梁水平距离 3m 处增设接地极并用镀锌扁钢与梁内主筋可靠连接。防雷接地与保护接地如单独使用，防雷接地电阻可$\leqslant 10\Omega$。系统如不用主筋下引，则应在墙外单独设置引下线（$\phi 8\sim$ 12mm 镀锌圆钢用卡子支持）并与接地极连接，引下处数与图中相同。

家庭电路设计实例如图 1-13 所示。

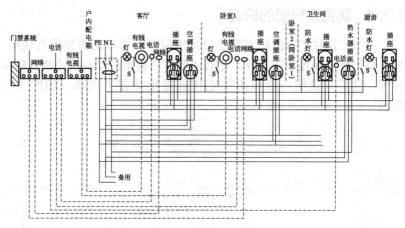

图1-13 家庭电路设计实例

1.1.4.1 家庭电路的元器件清单列表方法

家庭电路的元器件清单列表格式见表1-3。

表1-3 家庭电路的元器件清单列表格式

序号	名称	规格	要求
1	漏电断路器或断路器	DZ47LEC45N/1P16A	两路空调外,其余均需有漏电保护
2	灯开关	按钮式	
3	插座	空调插座12~20A 厨房插座12~20A 热水器插10~15A 其余插座2~10A	1.8m 1.3m 2.2m 其余插座距地面0.3m
4	…	…	…

1.1.4.2 电工装修预算及价格预算

装饰装修工程的账目包括设计单、材料单、预算单、时间单、权益单。

水、电安装工程计价就是确定给排水、电气照明安装工程全部安装费用,包括材料、器具的购置费以及安装费、人工费。

装修价格主要由材料费+人工费+设计费+其他费用组成,具体见表1-4。

表1-4　装修价格项目组成

种　类	说　明
材料费	质量、型号、品牌、购买点等不同,材料市场价不同。另外,还需要考虑一些正常的损耗
人工费	因人而异,因级别不同。一般以当地实际可参考价格来预算。材料费与人工费统称为成本费
设计费	设计费包括分人工设计、电脑设计,因人而异,因级别不同
其他费用	包括利润、管理费。该项比较灵活

1.1.5　实际电路识图指导

1.1.5.1　两个房间照明平面图识图

从照明平面图上可以看出灯具、开关、电路的具体布置情况。由于一般照明平面图上的导线都比较多,在图上不可能一一表示清楚,因此在读图过程中,可另外画出照明、开关、插座等的实际连接示意图(这种图称为透视图)。透视图画起来虽麻烦,但对读懂图有很大的帮助。

两个房间的照明平面图、电路图、透视图如图1-14所示。

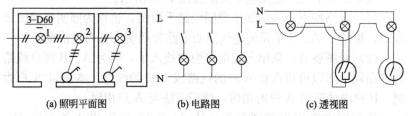

(a) 照明平面图　　　　　(b) 电路图　　　　　(c) 透视图

图1-14　两个房间的照明平面图、电路图、透视图

(1) 电路特点:有3盏灯,1个单极开关,1个双极开关,采用共头接线法。

(2) 看图要点:在照明平面图上导线较多,显然在图面上不能一一表示清楚,这对初学者来说,读图和施工都有一定困难。为了读懂照明平面图,读图过程中可以画出灯具、开关、插座的电路图或透视图。弄懂照明平面图、电路图、透视图的共同点和区别,再看复杂的照明电气平面图就容易多了。

(3) 看图指导:图1-14(a)为照明平面图,在图上可以看出灯具、开关和电路的布置。1 根相线和 1 根中性线进入房间后，中性线全部接于 3 盏灯的灯座上，相线经过灯座盒 2 进入左面房间墙上的开关盒，此开关为双极开关，可以控制 2 盏灯，从开关盒出来 2 根相线，接于灯座盒 2 和灯座盒 1。相线经过灯座盒 2 同时进入右面房间，通过灯座盒 3 进入开关盒，再由开关盒出来进入灯座盒 3。因此，在 2 盏灯之间出现 3 根线，在灯座盒 2 与开关之间也是 3 根线，其余是 2 根线。由灯的图形符号和文字代号可以知道，这 3 盏灯为一般灯具，灯泡功率为 60W，吸顶安装；开关为翘板开关，暗装。图 1-14(b) 为电路图，图 1-14(c) 为透视图。从图中可以看出接线头放在灯座盒内或开关盒内，因为共头接线，导线中间不允许有接头。

1.1.5.2　A、B 单元一层组合配电平面图识图

住宅楼 A、B 单元的电气平面图比较简单，因为每个楼层的电气布置均相同，只要有标准单元电气平面图即可。一层组合配电平面图主要说明各种线路引入建筑物以及各单元配电箱间的导线布置情况。下面具体分析照明电路。

某 A、B 单元一层配电平面图如图 1-15 所示。

(1) 电路特点：该图属于照明电路平面图，也称为照明平面图布线图，描述了 A、B 单元的电气照明电路和照明设备布置情况。

(2) 看图要点：从单元配电箱引出线入手，因为 A、B 两户线路基本相同，所以可重点看 A 户的线路或 B 户的线路。本例以 A 户为例，B 户内情况与 A 户内相仿，读图方法与 A 户相同。

单元配电箱引出线情况为：从 AL-9-2A 箱引出 4 条支路 1L、2L、3L、4L。其中 1L、2L 分别接到两户室内配电箱 L，采用 3 根截面积为 $4mm^2$ 的塑料绝缘铜导线连接，穿直径为 20mm 焊接钢管，沿墙内暗敷设。A 户 L 箱在厨房门右侧墙上，B 户 L 箱与 AL-9-2A 箱在同一面墙上，但在墙内侧。支路 3L 为楼梯照明线路，4L 为三表计量箱预留线路。三表计量箱安装在楼道墙上。两条支路均用 2 根截面积为 $2.5mm^2$ 的塑料绝缘铜导线连接，穿直径为 15mm 焊接钢管，沿地面、墙面内暗敷设。支路 3L 从箱内引出后接箱右侧壁灯，并向上引至二层及单元门外雨篷下的 2 号灯。壁灯使用声光开关控制。单元门灯开关装在门内右侧。

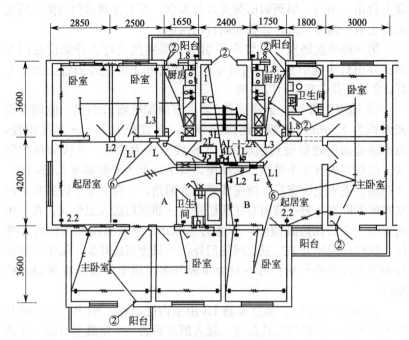

图 1-15　单元一层组合配电平面图

图中，没有标注安装高度的插座均为距地 0.3m 的低位插座。

（3）看图指导：以 A 户线路为例。从 A 户 L 箱引出 3 条支路 L1、L2、L3。其中，L1 为照明灯具支路，L2、L3 为插座支路。

① 照明支路上 L1。支路 L1 从 L 箱到起居室内的 6 号灯。因为照明线不需要保护零线，所以这段线路用 2 根截面积为 2.5mm² 的塑料绝缘铜导线连接，穿直径为 15mm 焊接钢管，沿顶板内暗敷设，并在灯头盒内分为 3 路，分别引至各用电设备。

第一路引向外门方向的为 6 号灯的开关线。由于要接室外的门铃按钮，这段管线内有 3 根导线，分别为相线、零线和开关回火线。线路接单极开关后，相线和零线先分别接到门铃按钮，再接到门内门铃上。

第二路从起居室 6 号灯上方引至两个卧室，先接右侧卧室荧光灯及开关，从灯头盒引线至右侧卧室荧光灯，再从灯头盒引出开关线，接左侧卧室开关。两开关均为单极跷板开关。从右侧卧室荧光灯灯头盒上分出一路线，引到厨房荧光灯灯头盒，开关在厨房门内侧。厨房阳台上有一盏2号灯，开关在阳台门内侧。

第三路从起居室6号灯向下引至主卧室荧光灯，开关设在门左侧。并由灯头盒引至另一间卧室内荧光灯和主卧室外阳台上的2号灯。2号灯开关在阳台门内侧。

② 插座支路L2。插座支路L2由室内配电箱L引出，使用3根截面积为2.5mm²的塑料绝缘铜导线，穿直径为15mm焊接钢管，沿本层地面内暗敷设到起居室。3根线分别为相线、零线和保护零线。起居室内有3个单相三孔插座，其中一个为安装高度2.2m的空调插座。进入主卧室后，插座线路分为两路，一路引至主卧室和主卧室右侧的卧室，另一路向右在起居室装一插座后进入卫生间，在卫生间安装一个三孔防溅插座，高度为1.8m。由该插座继续向右接壁灯，壁灯的控制开关在卫生间的门外，一只为双极开关，用于控制壁灯和卫生间的换气扇；另一只为单极开关，用于控制洗衣房墙上的座灯。

③ 插座支路L3。插座支路L3由室内配电箱L引出，先在两间卧室内各装3个单相三孔插座，接入厨房后装一个防溅型双联六孔插座，安装高度为1.0m，然后在外墙内侧和墙外阳台上各装一个防溅型单相三孔插座，安装高度为1.8m。

看图知道B户进线位置在纵向墙南往北第二道轴线处，在楼梯间有一个配电箱、室内荧光灯、天棚座灯、墙壁座灯、楼梯间吸顶灯、插座、开关及连接这些灯具的线路。

如图1-16所示，应注意这些线路平面实际是在房间内的顶上部，沿墙的安装要求离地至少为2.5m。图中中间位置的线路实际均装设在顶棚上，线路通过门时实际均在门框上部，所以读图时应有这种想象。

另外图中荧光灯处所标 $\dfrac{40}{2.5}$ L 的含义是：分子表示灯率为40W，分母表示灯具距地面高2.5m，L表示采用吊链式吊装。总线 BV-3×10+1×6DG32 的含义是：3根截面积为10mm²加1根截面积为6mm²的BV型铜芯电线，穿直径为32mm的管道沿墙通过。图中1：100是指图样与实际比例为1：100。

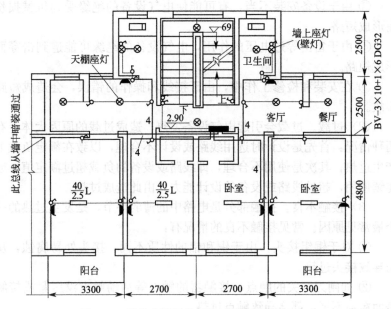

图 1-16 某住宅照明线路施工平面图（1：100）

1.2 用电安全

1.2.1 电气设备过热

实际中常引起电气设备过热的情况有：

（1）短路。发生短路时，线路中的电流增大为正常时的几倍甚至几十倍，而产生的热量又和电流的平方成正比，使得温度急剧上升，大大超过允许范围。如果温度达到可燃物的自燃点，即引起燃烧，从而导致火灾。

引起短路的原因主要有：

① 当电气设备绝缘老化或受到高温、潮湿或腐蚀的作用而失去绝缘能力时，有可能引起短路。

② 绝缘导线直接缠绕、勾挂在铁钉或铁丝上时，由于磨损和铁锈腐蚀，很容易使绝缘破坏而形成短路。

③ 由于设备安装不当，有可能使电气设备的绝缘受到机械损伤而形成短路。

④ 由于雷击等过电压的作用，电气设备的绝缘可能遭到击穿而形成短路。

⑤ 在安装和检修工作中，由于接线和操作的错误，会造成短路事故。

（2）过载。过载会引起电气设备发热，造成过载的原因大体上有两种情况：首先是设计时选用线路或设计不合理，以致在额定负载下产生过热；其次是使用不合理，即线路或设备的负载超过额定值，或连续使用，超过线路或设备的设计能力，由此造成过热。

（3）接触不良。接触部分是电路中的薄弱环节，是发生过热的一个最常见原因。常见接触不良的情况有：

① 对于铜铝接头，由于铜和铝的性质不同，接头处易腐蚀，从而导致接头过热。

② 如闸刀开关的触点、接触器的触点等活动触点没压紧或接触表面粗糙不平，都会导致触点过热。

③ 不可拆卸的接头连接不牢、焊接不良而增加接触电阻导致接头过热。

④ 能拆卸的接头连接不紧密或由于震动而松动，也将导致接头发热。

（4）铁芯发热。变压器、电动机等设备的铁芯，如绝缘损坏或承受长时间过电压，其涡流损耗和磁滞损耗将增加而使设备过热。

（5）散热不良。各种电气设备在设计和安装时都要考虑有一定的散热或通风措施，如果这些措施受到破坏，就会造成设备过热。

1.2.2　电火花和电弧

电火花是电极间的绝缘被击穿放电而形成的，电弧是大量的电火花汇集而成的。

一般电火花的温度都很高，特别是电弧温度可高达 6000～8000℃。因此，电火花和电弧不仅能引起可燃物燃烧，还能使金属熔化、飞溅，构成危险的火源。在有爆炸危险的场所，电火花和电弧更是引起火灾和爆炸的一个十分危险的因素。

在生产和生活中,电火花是经常见到的。电火花大体可分为工作火花和事故火花两类。

工作火花是指电气设备正常工作时或正常操作过程中产生的火花,如直流电动机电刷与整流子滑动接触处产生的火花、电源插头拔出或插入时产生的火花等。

事故火花是线路或设备发生故障时出现的火花,如发生短路或接地时产生的火花、绝缘损坏时产生的闪光、导线连接松脱时产生的火花、保险丝熔断时产生的火花、过电压放电产生的火花及修理工作中错误操作产生的火花等。

以下情况可能引起空间爆炸:

(1)周围空间有爆炸性混合物,在危险温度或电火花作用下引起空间爆炸。

(2)充油设备的绝缘油在电弧作用下分解和汽化,喷出大量油雾和可燃气体,引起空间爆炸。

(3)酸性蓄电池排出氢气等都会形成爆炸性混合物,引起空间爆炸。

1.2.3 消除或减少爆炸性混合物

消除或减少爆炸性混合物包括采取封闭式作业,防止爆炸性混合物泄漏;清理现场积尘、防尘爆炸性混合物积累;设计正压室、防止爆炸性混合物侵入有引燃源的区域;采取开式作业或通风措施,稀释爆炸性混合物;在危险空间充填惰性气体或其他不活泼气体,防止形成爆炸性混合物;安装报警装置,当混合物中危险物品的浓度达到其爆炸下限的10%时报警等措施。

1.2.4 隔离和间距

危险性大的设备应分室安装,并在隔墙上采取封堵措施。电动机隔墙传动、照明灯隔玻璃窗照明等都属于隔离措施。变配电室与爆炸危险环境或火灾危险环境毗邻时,隔墙应用非燃性材料制成;孔洞、沟道应用非燃性材料严密堵塞;门、窗应开向没有爆炸或火灾危险的场所。

变配电站不应设在容易沉积可燃粉尘或可燃纤维的地方。

1.2.5 消除引燃源

消除引燃源主要包括以下措施：

（1）按爆炸危险环境的特征和危险物的级别、组别选用电气设备和设计电气线路。

（2）保持电气设备和电气线路安全运行。安全运行包括电流、电压、温升和温度不超过允许范围，还包括绝缘良好、连续和接触良好、整体完好没有损坏、清洁以及标志清晰等。

（3）在爆炸危险环境应尽量少用携带式设备和移动式设备，一般情况下不应进行电气测量工作。

1.2.6 保护接地

爆炸危险环境接地应注意如下几点：

（1）应将所有不带电金属物体做等电位联结。从防止电击考虑不需接地（接零）者，在爆炸危险环境仍应接地（接零）。

（2）如低压接地系统配电应采用 TN-S 系统，不得采用 TN-C 系统，即在爆炸危险环境应将保护零线与工作零线分开。保护导线的最小截面积，铜导体不得小于 $4mm^2$，钢导体不得小于 $6mm^2$。

（3）如低压不接地系统配电应采用 IT 系统，并装有一相接地时或严重漏电时能自动切断电源的保护装置或能发出声、光双重信号的报警装置。

1.2.7 电气灭火

电气火灾有两个不同于其他火灾的特点，第一是着火的电气设备可能是带电的，扑救时要防止人员触电；第二是充油电气设备着火后可能发生喷油或爆炸，造成火势蔓延。因此，在扑灭电气火灾的过程中，一要注意防止触电，二要注意防止充油设备爆炸。

1.2.7.1 先断电后灭火

如火灾现场尚未停电，应首先切断电源。切断电源时应注意以下几点：

（1）切断部位应选择得当，不得因切断电源影响疏散和灭火工作。

（2）在可能的条件下，先卸去线路负荷，再切断电源。切忌在忙乱中带负荷拉刀闸。

（3）由于火烧、烟熏、水浇等导致电气绝缘可能大大降低，因此切断电源时应配用有绝缘柄的工具。

（4）应在电源侧的电线支持点附近剪断电线，防止电线断落下来造成电击或短路。

（5）切断电线时，应在错开的位置切断不同相的电线，防止切断时发生短路。

1.2.7.2　带电灭火的安全要求

（1）不得用泡沫灭火器带电灭火，带电灭火应采用干粉、二氧化碳、1211 等灭火器。

（2）人及所带器材与带电体之间应保持足够的安全距离：干粉、二氧化碳、1211 等灭火器喷嘴至 10kV 带电体的距离不得小于 0.4m；用水枪带电灭火时，应该采用喷雾水枪，水枪喷嘴应接地，并应保持足够的安全距离。

（3）对架空线路等空中设备灭火时，人与带电体之间的仰角不应超过 45°，防止导线断落下来危及灭火人员的安全。

（4）如有带电导线断落地面，应在落地点周围画半径 5～10m 的警戒圈，防止发生跨步电压触电。

（5）因为可能发生接地故障，为防止发生跨步电压和接触电压触电，救火人员及所使用的消防器材与接地故障点要保持足够的安全距离。在高压室内安全距离为 4m，室外安全距离为 8m，进入上述范围的救火人员要穿上绝缘靴。

1.2.8　建筑物的防雷措施

1.2.8.1　建筑物的防雷分类

建筑物按对防雷的要求，可分为以下三类：

第一类建筑物：在建筑物中制造、使用或储存大量爆炸性物资者；在正常情况下容易形成爆炸性混合物，因电火花会发生爆炸，引起巨大破坏和人身伤亡者。

第二类建筑物：在正常情况下能形成爆炸性混合物，因电火花会发生爆炸，但不致引起巨大破坏和人身伤亡者。

第三类建筑物：凡不属于一、二类建筑物而需要作防雷保护者。车间、民用建筑、水塔都属此类。

1. 2. 8. 2 第三类建筑物的防雷措施

对电工初学者只简单介绍第三类建筑物的防雷措施。

一般来说，屋顶越尖的地方，越易遭受雷击，如房檐的四角、屋脊。屋面遭受雷击的可能性极小。

所以对建筑物屋顶最易遭受雷击的部位，应装设避雷针或避雷带（网），进行重点保护。

对第三类建筑物，避雷针（或避雷带、网）的接地电阻≤30Ω。如为钢筋混凝土屋面，可利用其钢筋作为防雷装置，钢筋直径不得小于4mm。每座建筑物至少有两根接地引下线。第三类建筑物两根引下线间距离为30～40m，引下线距墙面为15mm，引下线支持卡之间距离为1.2～2m。断接卡子距地面1.5m。

在进户线墙上安装保护间隙，或者将绝缘子的铁角接地，接地电阻≤20Ω。允许与防护直击雷的接地装置连接在一起。第三类建筑物（非金属屋顶）的防护措施示意图如图1-17所示。

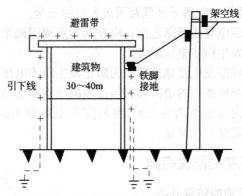

图1-17　第三类建筑物防雷措施示意图

1.3　触电与急救

1.3.1　触电类型

1.3.1.1　单相触电

当人体直接碰触带电设备其中的一相时，电流通过人体流入大地，这种触电现象称为单相触电。对于高电压带电体，人体虽未直接接触，但由于超过了安全距离，高电压对人体放电，造成单相接地而引起的触电，也属于单相触电。

低压电网通常采用变压器低压侧中性点直接接地和中性点不直接接地（通过保护间隙接地）的接线方式，这两种接线方式发生单相触电的情况如图 1-18 所示。

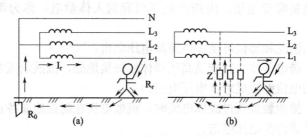

图 1-18　单相触电示意图

在中性点直接接地的电网中，通过人体的电流为

$$r = \frac{U}{R_r + R_0}$$

式中　U——电气设备的相电压；

　　　R_0——中性点接地电阻；

　　　R_r——人体电阻。

因为 R_0 和 R_r 相比较，R_0 甚小，可以略去不计，所以有

$$I_r = \frac{U}{R_r}$$

从上式可以看出，若人体电阻按照 1000Ω 计算，则在 220V 中性点接地的电网中发生单相触电时，流过人体的电流将达 220mA，已大大超过人体的承受能力，可能危及生命。

在低压中性点直接接地电网中，单相触电事故在地面潮湿时易于发生。

1.3.1.2　两相触电

人体同时接触带电设备或线路中的两相导体（或在高压系统中，人体同时接近不同相的两相带电导体，而发生电弧放电），电流从一相导体通过人体流入另一相导体，构成一个闭合回路，这种触电方式称为两相触电。

发生两相触电时，作用于人体上的电压等于线电压，这种触电是最危险的。

1.3.1.3 跨步电压触电

当电气设备发生接地故障，接地电流通过接地体向大地流散，在地面上形成电位分布时，若人在接地短路点周围行走，其两脚之间的电位差就是跨步电压。由跨步电压引起的人体触电，称为跨步电压触电。

下列情况和部位可能发生跨步电压电击：

(1) 带电导体，特别是高压导体故障接地处，流散电流在地面各点产生的电位差造成跨步电压电击。

(2) 接地装置流过故障电流时，流散电流在附近地面各点产生的电位差造成跨步电压电击。

(3) 正常时有较大工作电流流过接地装置，流散电流在接地装置附近地面各点产生的电位差造成跨步电压电击。

(4) 防雷装置接受雷击时，极大的流散电流在其接地装置附近地面各点产生的电位差造成跨步电压电击。

(5) 高大设施或高大树木遭受雷击时，极大的流散电流在附近地面各点产生的电位差造成跨步电压电击。

(6) 跨步电压的大小受接地电流大小、鞋和地面特征、两脚之间的跨距、两脚的方位以及离接地点的远近等很多因素的影响。人的跨距一般按 0.8m 考虑。

1.3.2 触电救护

触电救护第一步是使触电者迅速脱离电源，第二步是现场救护。

1.3.2.1 触电急救的要点

触电急救的要点是：抢救迅速与救护得法。即用最快的速度现场采取积极措施，保护触电者生命，减轻伤情，减少痛苦，并根据伤情要求，迅速联系医疗部门救治。即使触电者失去知觉、心跳停止，也不能轻率地认定触电者死亡，而应看作是"假死"，施行急救。

发现有人触电后，首先要尽快使其脱离电源，然后根据具体情况，迅速对症救护。有触电后经 5h 甚至更长时间的连续抢救而获得成功的先例，这说明触电急救对于减小触电死亡率是有效的。但无效死亡者为数甚多，其原因除了发现过晚外，主要是救护人员没有掌握触电急救方法。因此，掌握触电急救方法十分重要。我国《电业安全工作规程》将紧急救护法列为电气工作人员必须具备的从业条件之一。

1.3.2.2 解救触电者脱离电源的方法

触电急救的第一步是使触电者迅速脱离电源，因为电流对人体的作用时间越长，对生命的威胁越大。具体方法如下：

（1）脱离低压电源的方法 脱离低压电源可用"拉"、"切"、"挑"、"拽"、"垫"五字来概括。

拉：指就近拉开电源开关、拔出插头或瓷插熔断器。

切：当电源开关、插座或瓷插熔断器距离触电现场较远时，可用带有绝缘柄的利器切断电源线。切断时应防止带电导线断落触及周围的人体。多芯绞合线应分相切断，以防短路伤人。

挑：如果导线搭落在触电者身上或压在身下，这时可用干燥的木棒、竹竿等挑开导线。或用干燥的绝缘绳套拉导线或触电者，使触电者脱离电源。

拽：救护人员可戴上手套或在手上包缠干燥的衣服等绝缘物品拖拽触电者，使之脱离电源。如果触电者的衣裤是干燥的，又没有紧缠在身上，救护人员可直接用一只手抓住触电者不贴身的衣物，将其拉脱电源，但要注意拖拽时切勿接触触电者的皮肤。也可站在干燥的木板、橡胶垫等绝缘物品上，用一只手将触电者拖拽开来。

垫：如果触电者由于痉挛紧握导线或导线缠在身上，可先用干燥的木板塞进触电者身下，使其与大地绝缘，然后再采取其他的办法把电源切断。

（2）脱离高压电源的方法 由于电源的电压等级高，一般绝缘物品不能保证救护人员的安全，而且高压电源开关距离现场较远，不便拉闸。因此，使触电者脱离高压电源的方法与脱离低压电源的方法有所不同。通常的做法是：

① 立即电话通知有关供电部门拉闸停电。

② 如果电源开关离触电现场不太远，则可戴上绝缘手套，穿上绝缘靴，拉开高压断路器，或用绝缘棒拉开高压跌落式熔断器以切断

电源。

③ 往架空线路抛挂裸金属软导线，人为造成线路短路，迫使继电器保护装置动作，从而使电源开关跳闸。抛挂前，将短路线的一端先固定在铁塔或接地引下线上，另一端系重物。抛掷短路线时，应注意防止电弧伤人或断线危及人员安全，也要防止重物砸伤人。

④ 如果触电者触及断落在地上的带电高压导线，且尚未确认线路没有电之前，救护人员不可进入断线落地点 5~10m 的范围内，以防止跨步电压触电。进入该范围的救护人员应穿上绝缘靴或临时双脚并拢跳跃地接近触电者。触电者脱离带电导线后应迅速将其带至 5~10m 以外，立即开始触电急救。只有在确认线路已经没有电时，才可在触电者离开导线后就地急救。

(3) 使触电者脱离电源的注意事项

① 救护人员不得采用金属和其他潮湿物品作为救护工具。

② 未采取绝缘措施前，救护人员不得直接触及触电者的皮肤和潮湿的衣服。

③ 在拉触电者脱离电源的过程中，救护人员应该用单手操作，这比较安全。

④ 当触电者位于高位时，应采取措施预防触电者在脱离电源后坠地摔死。

⑤ 夜间发生触电事故时，应考虑切断电源后的临时照明问题，以利救护。

1.3.2.3 现场救护

抢救触电者首先应使其迅速脱离电源，然后立即就地抢救。关键是"差别情况与对症救护"，同时派人通知医务人员到现场。

根据触电者受伤害的轻重程度，现场救护有以下几种措施：

(1) 触电者未失去知觉的救护措施 如果触电者所受的伤害不太严重，神志尚清醒，只是心悸、头晕、出冷汗、恶心、呕吐、四肢发麻、全身乏力，甚至一度昏迷但未失去知觉，则可先让触电者在通风暖和的地方静卧休息，并派人严密观察，同时请医生前来或送往医院救治。

(2) 触电者已失去知觉的抢救措施 如果触电者已失去知觉，但呼吸和心跳尚正常，则应使其舒适地平卧着，解开衣服以利呼吸，四周不要围人，保持空气流通，冷天应注意保暖，同时立即请医生前来或送往医院诊治。若发现触电者呼吸困难或心跳失常，应立即施行人工呼吸或胸外心脏按压。

（3）对"假死"者的急救措施 如果触电者呈现"假死"象，则可能有三种临床症状：一是心跳停止，但尚能呼吸；二是呼吸停止，但心跳尚存（脉搏很弱）；三是呼吸和心跳均已停止。"假死"症状的判定方法是"看"、"听"、"试"。"看"是观察触电者的胸部、腹部有没有起伏动作；"听"是用耳贴近触电者的口鼻处，听有没有呼气声音；"试"是用手或小纸条测试口鼻有没有呼吸的气流，再用两手指轻压一侧喉结旁凹陷处的颈动脉有没有搏动感觉。若既没有呼吸又没有颈动脉搏动的感觉，则可判定触电者呼吸停止，或心跳停止，或呼吸、心跳均停止。"看"、"听"、"试"的操作方法如图1-19所示。

图1-19 判断"假死"的看、听、试

1.3.2.4 抢救触电者生命的心肺复苏法

当判定触电者呼吸和心跳停止时，应立即按心肺复苏法就地抢救。所谓心肺复苏法，就是支持生命的三项基本措施，即通畅气道、口对口（鼻）人工呼吸和胸外按压。

（1）通畅气道 若触电者呼吸停止，应采取措施始终确保气道通畅。操作要领是：

① 清除口中异物 使触电者仰面躺在平硬的地方，迅速解开其领口、围巾、紧身衣和裤带。如发现触电者口内有食物、假牙、血块等异物可将其身体及头部同时侧转，迅速用一个手指或两个手指交叉从口角处插入，从中取出异物。要注意防止将异物推到咽喉深处。

② 采用仰头抬颌法通畅气道 一只手放在触电者前额，另一只手的手指将其颌骨向上抬起，气道即可通畅（见图1-20）。气道是否

通畅如图 1-21 所示。

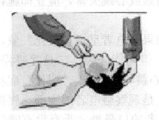

图 1-20　仰头抬颌法

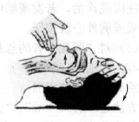

图 1-21　气道状况

　　为使触电者头部后仰，可将其颈部下方垫适量厚度的物品，但严禁垫在头下，因为头部抬高前倾会阻塞气道，还会使施行胸外按压时流向胸部的血量减小，甚至完全消失。

　　（2）口对口（鼻）人工呼吸　救护人在完成气道通畅的操作后，应立即对触电者施行口对口或口对鼻人工呼吸。口对鼻人工呼吸适用于触电者嘴巴紧闭的情况。

　　人工呼吸的操作要领如下。

　　① 先大口吹气刺激起搏　救护人员蹲跪在触电者一侧，用放在其额上的手指捏住其鼻翼，另一只手的食指和中指轻轻托住其下巴；救护人员深吸气后与触电者口对口，首先连续大口吹气两次，每次 9～1.5s。然后用手指测试其颈动脉是否有搏动，如仍没有搏动，可判断心跳确已停止。在实施人工呼吸的同时，应进行胸外按压。

　　② 正常口对口人工呼吸　大口吹气两次测试搏动后，立即转入正常的人工呼吸阶段。正常的吹气频率是每分钟约 12 次（对儿童则每分钟 20 次，吹气量应该小些，以免肺泡破裂）。救护人员换气时，应将触电者的口或鼻放松，让其借

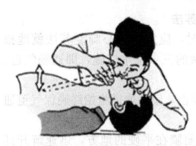

图 1-22　口对口人工呼吸

自己胸部的弹性自动吐气。吹气和放松时要注意触电者胸部有没有起伏的呼吸动作。吹气时如有较大的阻力，可能是头部后仰不够，应及时纠正，使气道保持畅通，如图 1-22 所示。

③ 口对鼻人工呼吸　触电者如牙关紧闭，可改成口对鼻人工呼吸。吹气时要使触电者嘴唇紧闭，防止漏气。

（3）胸外按压　胸外按压是借助人力使触电者恢复心脏跳动的急救方法，其有效性在于选择正确的按压位置和采取正确的按压姿势。

1.3.2.5　胸外按压的操作要领

（1）确定正确的按压位置　右手的食指和中指沿触电者的右侧肋弓下缘向上，找到肋骨和胸骨接合处的中点。右手的两手指并齐，中指放在切迹中点（剑突底部），食指平放在胸骨下部；左手的掌根紧挨食指上缘，置于胸骨上，掌根处即为正确按压位置，如图 1-23 所示。

（2）正确的按压姿势　使触电者仰面躺在平硬的地方并解开其衣服，仰卧姿势与口对口人工呼吸法相同。救护人员立或跪在触电者肩旁一侧，两肩位于其胸骨正上方，两臂伸直，肘关节固定不动，两手掌相叠，手指翘起，不接触其胸壁。

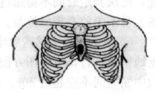

图 1-23　正确的按压位置

以髋关节为支点，利用上身的重力，垂直将正常成人胸骨压陷 3～5cm（儿童和瘦弱者酌减）。

压至要求程度后，立即全部放松，但救护人员的掌根不得离开触电者的胸膛。

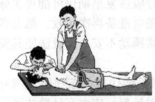

图 1-24　按压姿势与
用力方法

按压姿势与用力方法如图 1-24 所示。按压有效的标志是在按压过程中可以触到颈动脉搏动。

（3）恰当的按压频率　胸外按压要以均匀速度进行，操作频率以每分钟应该为 80 次。

当胸外按压与口对口（鼻）人工呼吸同时进行时，操作的节奏为：单人救护时，每按压 15 次后吹气 2 次（15：2），反复进行；双人救护时，每按压 5 次后由另一人吹气 1 次（5：1），反复进行。

（4）现场救护中的注意事项

① 抢救过程中应适时对触电者进行再判定　按压吹气 1min（相

当于单人抢救时做了 4 个 15：2 循环）后，应采用"看"、"听"、"试"的方法在 2～7s 内完成对触电者是否恢复自然呼吸和心跳的再判断。

若判定触电者已有颈动脉搏动，但仍没有呼吸，则可暂停胸外挤压，再进行两次口对口人工呼吸，接着每隔 5s 吹气一次（相当于每分钟 12 次）。如果脉搏和呼吸仍未能恢复，则继续坚持进行心肺复苏法抢救。

抢救过程中，要每隔数分钟再判定一次触电者的呼吸和脉搏情况，每次判定时间不得超过 2～7s。在医务人员未接替抢救之前，现场人员不得放弃现场抢救。

② 抢救过程中移送触电者时的注意事项　心肺复苏法应在现场就地坚持进行，不要图方便而随意移动触电者。如确有需要移动，抢救中断时间不应超过 30s。

移动触电者或送往医院时，应使用担架，并在其背部垫以木板，不可让触电者身体蜷曲着进行搬运（见图 1-25）。移送途中应继续抢救，在医务人员未接替救治前不可中断抢救。

应创造条件，用装有冰屑的塑料袋做成帽状包绕在触电者头部（露出眼睛），使脑部温度降低，争取触电者心、肺、脑能得以复苏。

③ 伤员好转后的处理　如果触电者的心跳和呼吸经抢救后均已恢复，可暂停心肺复苏法操作。但心跳、呼吸恢复早期仍可能再次骤停，救护人员应严密监护，不可麻痹，要随时准备再次抢救。触电者恢复之初，往往神志不清、精神恍惚或情绪躁动不安，应设法使其安静下来。

④ 慎用药物　首先要明确任何药物都不能代替人工呼吸和胸外挤压。必须强调的是，对触电者用药或注射针剂，应由有经验的医生诊断确定，慎重使用。例如肾上腺素有使心脏恢复跳动的作用，但也可使心脏由跳动微弱转为心室颤动，从而导致触电者心跳停止而死亡。因此，如没有准确诊断和足够的把握，不得乱用此类药物。而在医院内抢救时，则由医务人员根据医疗仪器设备诊断的结果决定是否采用这类药物。

此外，禁止采取冷水浇淋、猛烈摇晃、大声呼喊或架着触电者跑步等"土"办法，因为人体触电后，心脏会发生颤动，脉搏微弱，血

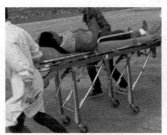 

(a) 车运送　　　　　　　　　(b) 担架

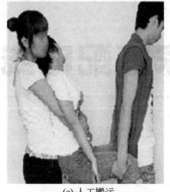

(c) 人工搬运

图 1-25　搬运触电者

流混乱，在这种情况下用上述办法刺激心脏，会使触电者因急性心力衰弱而死亡。

　　⑤ 触电者死亡的认定　对于触电后失去知觉、呼吸和心跳停止的触电者，在未经心肺复苏急救之前，只能视为"假死"。任何在事故现场的人员，都有责任及时、不间断地进行抢救。抢救时间应坚持6h 以上，直到救活或医生做出临床死亡的认定为止。只有医生才有权认定触电者经抢救无效死亡。

第2章

家庭配电线路设计

2.1 家庭配电线路的设计要遵循的原则

2.1.1 家庭配电线路的设计原则

　　家庭配电线路的设计就是根据实际情况和按照设计原则完成对家庭配电线路设计方案的制订。这一项工作在家庭装修的总体规划中是首要的且非常重要。尤其是随着技术的发展，各种家用电器产品不断增加，人们对用电需求提出了更高的需求，这使得家庭配电线路的设计在整个家装过程中的作用显得尤为突出。

　　通常对于家庭配电线路的设计要充分考虑当前供电系统的实际情况，结合用户的用电需求和规划用电量等多方面因素，合理、安全地分配电力的供应。

2.1.1.1 家庭配电线路要遵循科学设计原则

　　在家庭配电路线的设计中，要首先考虑设计的科学性，遵循一定的科学设计原则，使设计的家庭配电线路更加合理。

（1）用电量的计算要科学。设计家庭配电线路时，配电设备的选用及线路的分配均取决于家用电器的用电量，因此科学地计量家用电器的用电量十分重要。

在家庭配电线路中，配电箱、配电盘的选配及各支路的分配均需依据用电量进行。根据计算出的用电量，合理地选择配电箱、配电盘并对各支路进行合理的分配。

图 2-1 是典型的家庭配套线路，考虑到该用户的家用电器较多，厨房、卫生间内的电器及空调器的用电量都较大，因此根据不同家用电器的用量结合使用环境，将室内配电设计分为 6 个支路，即照明支路、插座支路、厨房支路、卫生间支路、空调支路、柜式空调支路，见表 2-1。

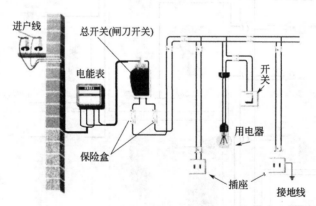

图 2-1　配电入户示意图 1

表 2-1　典型家庭配电线路

支路	总功率/W	支路	总功率/W	支路	总功率/W
照明支路	2200	厨房支路	4400	空调器路	2000
插座支路	3520	卫生间支路	3520	柜式空调支路	3500

首先将支路中所有家用电器的功率相加即可得到支路全部用电设备在使用状态下的实际功率值；然后根据计算公式计算出支路用电量，即可对支路断路器进行选配；最后根据计算公式计算出该用户的总用电量，对总断路器进行选配。

从该实例可看出，科学地计量用电设备的用电量，会使配电线路的分配、配电设备的选配更加科学、合理和安全。

（2）配电规划要科学。如图 2-2 所示，进行家庭配电规划时，主要对其配电箱、配电盘的安装位置以及内部部件线路的连接方式等进

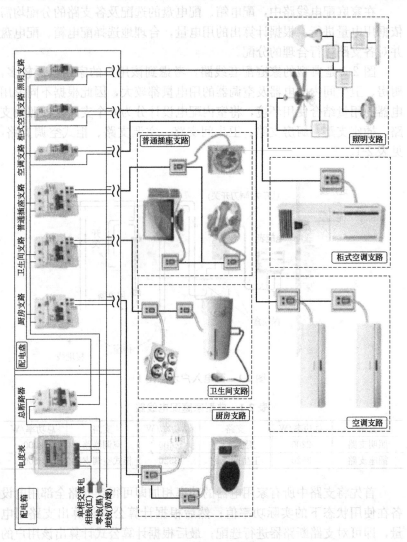

图 2-2 配电入户示意图 2

行规划。配电箱主要用来进行用电量的计量和过电流保护，交流220V电源经进户线送到可以控制、分配的配电盘上，由配电盘对各个支路进行单独控制，使室内用电量更加合理、后期维护更加方便、用户使用更加安全。这一过程的配电设计应遵循科学的设计原则，不能随电工或用户的意愿随意安装、连接、分配，保证配电安全。

配电设备中配电箱、配电盘的安装环境及安装高度均应根据家庭配套线路的设计原则进行，不得随意安装，以免对用电造成影响或危害人身安全。

2.1.1.2　家庭配电线路要遵循合理设计原则

在家庭配电线路的设计中应充分考虑设计的合理性、遵循科学的设计原则并根据用户的需求，对家庭配电线路进行合理的设计。

（1）电力分配要合理。在家庭配电线路中，电力（功率）的分配通常是根据用户的需要及用户家用电器的用电量进行设计的，每个房间内设有的电力部件均在方便用户使用的前提下进行选择。因此，对电力进行合理的分配确保用电安全，同时也为用户日常使用带来方便。

图2-3是典型家庭配电线路的电力分配。根据家用电器的用电量并结合使用环境，将家庭配电线路设计分配为照明支路、普通插座支路、空调支路、厨房支路、卫生间支路。

在设计配电盘支路时没有固定的原则，可以一间房间构成一个支路，也可以根据家用电器使用功率构成支路。但要根据用户的需要并遵循科学的设计原则对每一个支路上的电力设备进行合理的分配。具体如图2-3及说明。

照明支路：照明支路主要包括主卧室中的吊灯，次卧室中的荧光灯，客厅中的吊扇灯，卫生间、厨房及阳台照明灯。每一个控制开关均设在进门口的墙面上，用户打开房间门时，即可控制照明灯点亮，方便用户使用。

普通插座支路：除了卫生间、厨房及空调器的大功率插座等，其余插座均为普通插座。这里包括主卧室中用于连接床头灯的灯插座，客厅中用于连接电视机、音响的两个普通三孔插座，次卧室中用于连接电脑等的普通三孔插座，每一个插座的设计都是根据用户使用的家用电器及用户需要进行分配的。

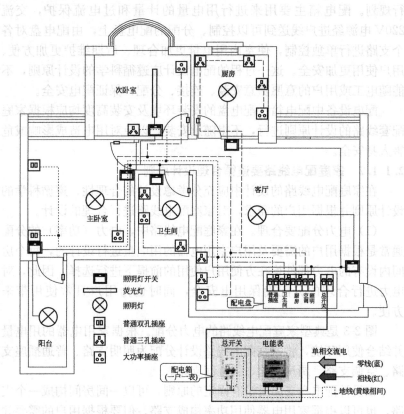

图2-3　家庭内部电力分配图

空调支路：空调支路主要为主卧室、次卧室和客厅中的大功率插座支路。由于空调器的功率较大，因此单独使用一个支路进行供电。

厨房支路：由于厨房的电器功率较大，因此将其单独分出一个支路。厨房支路中大多数为插座支路，如抽油烟机插座、换气扇插座、电饭煲插座、电水壶插座等。根据不同的需要，将其插座设置在不同的位置，并且在厨房中需要设计一些大功率插座，以保证厨房用电的多样性，防止使用时插座不够带来不便。

卫生间支路：卫生间支路电力器件的分配同厨房支路相同，也应多预留插座，来保证电热水器、洗衣机、浴霸等的插接。

（2）配线选择要合理。在家庭配电线路中，导线是最基础的供电部分，导线的质量、参数直接影响着室内的供电。因此，合理地选配导线在家庭配电线路的设计中尤为重要。

① 在设计、安装配电箱时，一定要选择载流量大于等于实际电流量的绝缘线（硬铜线），不能采用花线或软线（护套线）。暗敷在管内的电线不能采用有接头的电线，必须是一根完整的电线。

② 设计、安装配电盘采用暗敷时，一定要选择载流量大于等于该支路实际电流量的绝缘线（硬铜线），不能采用花线或软线（护套线），更不能使暗敷护管中出现电线缠绕连接的接头；采用明敷时可以选用软线（护套线）和绝缘线（硬铜线），但是不允许电线暴露在空气中，一定要使用敷设管或敷设槽。

③ 在配电线路中所使用导线颜色应该保持一致，即相线使用红线、零线使用蓝线、地线使用黄绿线。

2.1.1.3 家庭配电线路要遵循安全设计原则

在家庭配电线路的设计中，要特别注意设计应符合安全要求，保证配电设备安全、电器设备安全及用户的使用安全。

（1）在规划设计家庭配电线路时，家用电器的总用电量不应超过配电箱内总断路器和总电能表的负荷，同时每一个支路的总用电量也不应超过支路断路器的负荷，以免出现频繁掉闸、烧坏配电器件。

（2）在进行电力器件分配时，插座、开关等也要满足用电的需求。若选择的电力器件额定电流过小，使用时会烧坏电力器件。

（3）在进行家庭配电线路的安装连接时，应根据安装原则进行正确的安装和连接，同时应注意配电箱和配电盘内的导线不能外露，以免造成触电事故。

（4）选配的电能表、断路器和导线应满足用电需求，防止出现掉闸、损坏器件或家用电器等事故的出现。

（5）在对线路连接过程中，应注意对电源线进行分色，不能将所有的电源线只用一种颜色，以免对检修造成不便。按照规定，相线通常使用红线，零线通常使用蓝线或黑线，接地线通常使用黄线或绿线。

2.1.2 电力分配时注意事项

在进行电力分配时，应充分考虑该支路的用电量。若该支路的用电量过大，可将其分成两个支路进行供电。根据家庭中所使用电器设备功率的不同，可以分为小功率供电支路和大功率供电支路两大类。其中小功率供电支路和大功率供电支路设有明确的区分界限，通常情况下将功率在 1000W 以上的电器所使用的电路称之为大功率供电支路，将功率在 1000W 以下的电器所使用的电路称之为小功率供电支路。也就是说可以将照明支路、普通插座支路归为小功率供电支路，而将厨房支路、卫生间支路、空调支路归为大功率供电支路。

2.1.3 家庭配电设备的选用

2.1.3.1 配电箱

配电箱是家装强电用来分路及安装空气开关的箱子，如图 2-4 所示。配电箱的材质一般是金属的，前面的面板有塑料的，也有金属的。面板上还有一个小掀盖便于打开，这个小掀盖有透明的和不透明的。配电箱的规格要根据里面的分路而定，小的有四五路，多的有十几路。选择配电箱之前，要先设计好电路分路，再根据空气开关的数量以及是单开还是双开，计算出配电箱的规格型号。一般配电箱里的空间应该留有富裕，以便以后增加电路用。

图 2-4　配电箱

图 2-5　弱电箱

2.1.3.2 弱电箱

弱电箱如图 2-5 所示。弱电箱是专门使用于家庭弱电系统的布线箱，也称家居智能配线箱、多媒体集线箱、住宅信息配线箱。弱电箱能对家庭的宽带、电话线、音频线、同轴电缆、安防网络等线路进行合理有效的布置，实现人们对家中的电话、传真、电脑、音响、电视机、影碟机、安防监控设备及其他网络信息家电的集中管理，共享资源，是解决提供家庭布线系统解决方案的产品。

配电箱解决的是用电安全，而弱电箱解决的是信息通畅。弱电箱便于对弱电的管理维护，可按需对每条线路进行调整及管理，并扩充使用功能，使家庭弱电线路分布合理，信息畅通无阻，如发生故障易于检查维护。

弱电箱里的有源设备有宽带路由器、电话交换机、有线电视信号放大器等，结构有模块化（有源设备是厂家特定的集成模块）及成品化（有源设备是采用现有厂家的成品设备）。相比之下，成品化有源设备应选购市面上的成熟品牌，质量相对稳定可靠，技术也更先进，价格适中，便于日后更换与维修。

弱电箱里的无源设备可采用弱电箱厂家生产的配套模块（如有线电视模块、电话分配模块等），可以保持箱体内的整洁。弱电箱箱体要预留足够的空间，便于安装有源设备，并配置电源插座，也以便以后的升级。在布线方面，除了要布设电力线外，还布设有线电视电缆和电话线、音响线、视频线和网络线。除了电力线以外的这些线缆被称为"弱电"，传输的是各种信号。建设一个多功能、现代化、高智能的家居环境就少不了这些必要布线。弱电的综合布线需要专业的工程师为业主做出综合及合理的规划设计和施工，只有这样才能使整体家装美观。

2.1.3.3 断路器

断路器全称自动空气断路器，也称空气开关，如图 2-6 所示。断路器是一种常用的低压保护电器，可实现短路、过载保护等功能。

断路器在家庭供电中作总电源保护开关或分支线保护开关用。当住宅线路或家用电器发生短路或过载时，断路器能自动跳闸，切断电源，从而有效地保护这些设备免受损坏或防止事故扩大。家庭一般用二极（即 2P）断路器作总电源保护，用单极（1P）作分支保护。

断路器的额定电流如果选择偏小，则断路器易频繁跳闸，引起不必要的停电；如果选择过大，则达不到预期的保护效果。因此，正确选择家装断路器额定电流大小很重要。

一般小型断路器规格主要以额定电流区分 6A、10A、16A、20A、25A、32A、40A、50A、63A、80A、100A 等。

选择配电箱规格取决于电路的回路数量，并且配置相应空气开

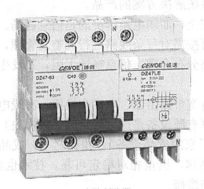

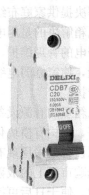

(a) 多路断路器   (b) 单路断路器

图 2-6　断路器

关（简称空开）和漏电保护器（简称漏保）。至于所选功率要看进户线的额定电流。一般总线和插座的空开上加装漏保（或者装带漏保的空开）。

漏电保护器 30mA 是一般漏电保护开关的动作电流，通常人触电有一个感知电流和摆脱电流，也就是当人触电后电流达到一定值时才会感知麻木，此时人的大脑还是有意识的，能自行摆脱触电；当触电电流再大到一定值时，人就不能自行摆脱触电了，这个电流值就是30mA。所以漏电保护开关的动作电流设定为 30mA。漏电保护开关的标准均为 30mA，即如漏电电流大于 30mA 就动作跳闸。

配电箱里的空气开关和漏电保护器数量根据电路回路决定。购买配电箱时只要告诉要多少回路的配电箱就可以了。

但断路器无明显的线路分断状态或闭合状态的指示功能（即操作、运行人员能看到的工作状态），因此在自动断路器前面（电源侧）应加一组刀开关。这类刀开关并不用于分断和闭合线路电流，一般称为隔离开关。

2.1.3.4　电能表

电能表（又称电度表、火表、千瓦小时表）是用来测量电能的仪表，指测量各种电学量的仪表，如图 2-7 所示。

家用电能表一般是单相电能表，用来计量用电量，通常称之为"电表"。电能表容量用"A"表示。譬如：一个 5A 电能表，它所能

| (a) 机械电能表 | (b) 数字电能表 |

图 2-7　电能表

承受的电量用下面的公式计算：5A×220V＝1100W。也就是说：这个家庭同时使用的所有电器用电量不能超过 1100W。电能表虽然有短时间过载的能力，但是经常超过规定的载荷会损坏电能表。所以，选用电能表要留有适当的富裕容量。假如家庭所有电器的用电量为1100W，选用的电能表要大 2～3 倍，应选用 10A 或 15A 的电能表。

目前市场上普遍使用的单相电能表分机械式和电子式两种。机械式电能表如 DD9、DD15、DD862a 等，具有寿命长、过载能力高、性能稳定等特点，基本误差受电压、温度、频率等因素影响，长期使用损耗大。电子式单相电能表有 DDS6、DDS15、DDSY666 等，采用专用大规模集成电路，具有精度高、线性好、动态工作范围宽、过载能力强、自身能耗低、结构小、质量轻等特点，可长期工作而不需要调整和校验，还能防窃电，家庭应优先选用电子式电能表。随着分时计度供电方式的发展，分时计度电能表的应用越来越广泛。

电能表要设置在干燥、明净和没有震动的地方，并安装在涂有防潮漆的适当大小和厚度的木板上，安装的高度离地面以不低于 12m、不超过 2m 为宜。电能表上的铅封不能自行拆除，因为这是供电部门校验电能表后合格加封的标志。

2.2 家装电路设计

2.2.1 住宅电气设计规范

根据《2008 年工程建设标准规范制度、修订计划（第一批）》（建标［2008］102 号）的要求，2010 年 6 月 25 日住房和城乡建设部标准定额司在北京主持召开了国家标准《住宅设计规范》审查会，审查委员一致认为《住宅设计规范》（送审稿）的内容符合我国的实际情况，可操作性强，与现行相关的标准、规范协调，符合标准修订要求，同意通过审查。下面简要介绍 GB 50096—2011《住宅设计规范》电气部分的有关条文。

（1）每套住宅的用电负荷因套内建筑面积、建设标准、采暖（或过渡季采暖）和空调的方式、电炊、洗浴水等因素而有很大的差别。该规范仅提出必须达到的下限值。每套住宅用电负荷中应包括照明、插座、小型电器等，并为今后发展留有余地。考虑家用电器的特点，用电设备的功率因数按 0.9 计算。

（2）住宅供电系统设计的安全要求。在 TV 系统（保护接零系统）中壁挂式空调的插座回路可不设剩余电流保护装置，但在 TT 系统（保护接地系统）中所有插座回路应设剩余电流保护装置。

"总等电位联结"用来均衡电位，降低人体受到电击时的接触电压，是接地保护的一项重要措施。"辅助等电位联结"用于防止出现危险的接触电压。

局部等电位联结包括卫生间内金属给排水管、金属浴盆、金属采暖管以及建筑物钢筋网和卫生间电源插座的 PE 线，可不包括金属地漏、扶手、浴吊架、肥皂盒等孤立金属物。尽管住宅卫生间目前多采用铝塑管、PPR 等非金属管，但是考虑住宅施工中管材更换、住户二次装修等因素，还是要求设置局部等电位接地或预留局部接地端子盒。

为了避免接地故障引起的电气火灾，住宅建筑要采取可靠的措施。由于防火剩余电流动作值不宜大于 500mA，为减少误报和误动作，设计中要根据线路容量、线路长短、敷设方式、空气湿度等因素，确定在电源进线处或配电干线的分支处设置剩余电流动作报警装置。当住宅建筑物面积较小、剩余电流检测点较少时，可采用独立型防火剩余电流动作报警器。当有集中监测要求时，可将报警信号连至小区消防控制室。当剩余电流检测点较多时，也可采用电气火灾监控系统。

（3）为保证安全和便于管理，对每套住宅的电源总断路器提出了相应要求。

（4）为了避免儿童玩弄插座发生触电危险，要求安装高度在1.8m 及以下的插座采用安全型插座。

（5）原规范规定公共部分照明采用节能自熄开关，以实现人在灯亮，人走灯灭，达到节电目的，但在应用中也出现了一些新问题。例如，夜间漆黑一片，对住户不方便。在设有安防摄像场所，除采用红外摄像机外，达不到摄像机对环境的最低照度要求；较大声响会引起大面积公共照明自点亮，如在夜间经常有重型货车通过时频繁亮灭，使灯具寿命缩短，也达不到节能效果；具体工程中，楼梯间、电梯厅有无外窗的条件也不相同。此外，应用于住宅节能光源的声光控制和应急启动技术也在不断发展和进步。因此，强调住宅公共照明要选择高效节能的照明装置和节能控制。设计中要具体分析，因地制宜，采用合理的节能控制措施，并且要满足消防控制的要求。

（6）电源插座的设置应满足电器的使用要求，尽量减少移动插座的使用。但住宅家用电器的种类和数量很多，因套内面积等因素不同，电源插座的设置数量和种类差别也很大，我国尚未有家用电器电源线长度的统一标准，难以统一规定插座之间的间距。为方便居住者安全用电，规定了电源插座的设置数量和部位的最低标准。

（7）住宅的信息网络系统可以单独设置，也可利用有线电视系统或电话系统来实现。三网融合是今后的发展方向，IPTV、ADSL 等技术可利用有线电视系统和电话系统来实现信息通信，住宅建筑电话通信系统的设置需与当地电信业务经营者提供的运营方式相结合。住宅建筑信息网络系统的设计要与当地信息网络的现有水平及发展规划相互协调一致，根据当地公用信网络资源的条件决定是否与有线电视或电话通信系统合一。

（8）根据《安全防范工程技术规范》，对于建筑面积在 50000m² 以上的住宅小区，要根据建筑面积、建设投资、系统规模、系统功能和安全管理要求等因素，设置基本型、提高型、先进型的安全防范系统。在有小区集中管理时，可根据工程具体情况，将呼救信号、紧急报警和燃气报警等纳入防客对讲系统。

（9）门禁系统必须满足紧急逃生时人员疏散的要求。当发生火警或需紧急疏散时，住宅楼疏散门的防盗门锁必须能集中解除或现场顺疏散方向手动解除，使人员能迅速安全通过并安全疏散。设有火灾自动报警系统或联网型门禁系统时，在确认火情后，应在消防控制室集中解除相关部位的门禁。当不设火灾自动报警系统或联网型门禁系统时，要求能在火灾时不需使用任何工具就能从内部打开出口门，以便于人员的逃生。

2.2.2 家装内部电气配置

（1）每套住宅进户处必须设嵌墙式住户配电箱。住户配电箱设置电源总开关，该开关能同时切断相线和中性线，且有断开标志。每套住宅应设电能表，电能表箱应分层集中嵌墙暗装在公共部位。

住户配电箱内的电源总开关应采用两极开关，总开关容量选择不能太大，也不能太小，要避免出现与分开关同时跳闸的现象。

电能表箱通常分层集中安装在公共通道上，这是为了便于抄表和管理；嵌墙安装是为了不占据公共通道。

（2）家庭电气开关、插座的配置应能够满足需要，并对未来家庭电气设备的增加预留有足够的插座。家居各个房间可能用得到的开关、插座数量配置参见表2-2。

表2-2 家装各个房间标准电气配置表

房间	开关或插座名称	数量(个)	说明
主卧室	双控开关	2	主卧室顶灯,卧室做双控开关非常必要。这个钱不要省,尽量使每个卧室都是双控
	5孔插座	4	两个床头柜处各1个(用于台灯或落地灯)、电视电源插座1个、备用插座1个
	3孔16A插座	1	空调插座没必要带开关,现在室内都有空气开关控制,不用时将空调的一组单独关掉即可
	有线电视插座	1	—
	电话及网线插座	各1	—

续表

房间	开关或插座名称	数量(个)	说　明
次卧室	双控开关	2	控制次卧室顶灯
	5 孔插座	3	两个床头柜处各 1 个、备用插座 1 个
	3 孔 16A 插座	1	用于空调供电
	有线电视插座	1	—
	电话及网线插座	各 1	—
书房	单联开关	1	控制书房顶灯
	5 孔插座	3	台灯、电脑、备用插座
	电话及网线插座	各 1	—
	3 孔插座 16A	1	用于空调供电
客厅	双控开关	2	用于控制客厅顶灯(有的客厅距入户门较远,每次关灯要跑到门口,所以做成双控的会很方便)
	单联开关	1	用于控制玄关灯
	5 孔插座	7	电视机、饮水机、DVD、鱼缸、备用等插座
客户	3 孔插座 16A	1	用于空调供电
	有线电视插座	1	—
	电话及网线插座	各 1	—
厨房	单联开关	2	用于控制厨房顶灯、餐厅顶灯
	5 孔插座	3	电饭锅及备用插座
	3 孔插座	3	抽油烟机、豆浆机及备用插座
	一开 3 孔 10A 插座	2	用于控制小厨宝、微波炉
	一开 3 孔 16A 插座	2	用于电磁炉、烤箱供电
	一开 5 孔插座	1	备用
餐厅	单联开关	3	灯带、吊灯、壁灯
	3 孔插座	1	用于电磁炉供电
	5 孔插座	2	备用
阳台	单联开关	2	用于控制阳台顶灯、灯笼照明
	5 孔插座	1	备用
主卫生间	单联开关	1	用于控制卫生间顶灯
	一开 5 孔插座	2	用于洗衣机、吹风机供电
	一开三孔 16A	1	用于电热水器供电(若使用天然气热水器可不考虑安装一开三孔 16A 插座)
	防水盒	2	用于洗衣机和热水器插座(因为卫生间比较潮湿,用防水盒保护插座,比较安全)
	电话插座	1	—
	浴霸专用开关	1	用于控制浴霸

续表

房间	开关或插座名称	数量(个)	说　　明
次卫生间	单联开关	1	用于控制卫生间顶灯
	一开5孔插座	1	用于电吹风供电
	防水盒	1	用于电吹风插座
	电话插座	1	—
走廊	双控开关	2	用于控制走廊顶灯,如果走廊不长,一个普通单联开关即可
楼梯	双控开关	2	用于控制楼梯灯

注:插座要多装,宁滥勿缺。墙上所有预留的开关插座,如果用得着就装,用不着的就装空白面板(空白面板简称白板,用来封闭墙上预留的插线盒,或弃用的开关、插座孔),千万别堵上。

（3）插座回路必须加漏电保护。电气插座所接的负荷基本上都是人手可触及的移动电器（如吸尘器、打蜡机、落地或台式风扇）或固定电器（如电冰箱、微波炉、电加热淋浴器和洗衣机等）。当这些电器设备的导线受损（尤其是移动电器的导线）或人手可触及电器设备的外壳带电时,就有电击危险。为此除壁挂式空调电源插座外,其他电源插座应设置漏电保护装置。

（4）阳台应设人工照明。阳台装置照明,可改善环境、方便使用,尤其是封闭式阳台设置照明十分必要。阳台照明线宜穿管暗敷。若造房时未预埋,则应用护套线明敷。

（5）住宅应设有线电视系统,其设备和线路应满足有线电视网的要求。

（6）每户电话进线不应少于两对,其中一对应通到电脑桌旁,以满足上网需要。

（7）电源、电话、电视线路应采用阻燃型塑料管暗敷。电话和电视等弱电线路也可采用钢管保护,电源线采用阻燃型塑料管保护。

（8）电气线路应采用符合安全和防火要求的敷设方式配线,导线应采用铜导线。

（9）供电线路铜芯线的截面积应满足要求。由电能表箱引至住户配电箱的铜导线截面积不应小于 $10mm^2$,住户配电箱的照明分支回路的铜导线截面积不应小于 $2.5mm^2$,空调回路的铜导线截面积不应

小于 $4mm^2$。

（10）防雷接地和电气系统的保护接地是分开设置的。

2.2.3 家装电气基本设计思路

家庭电路的设计一定要详细考虑可能性、可行性、实用性之后再确定，同时还应该注意其灵活性。下面介绍一些基本设计思路。

（1）卧室顶灯可以考虑三控（两个床边和进门处），遵循两个人互不干扰休息的原则设置。

（2）客厅顶灯根据生活需要可以考虑装双控开关（进门厅和回主卧室门处）。

（3）环绕的音响线应该在电路改造时就埋好。

（4）注意强弱电线不能在同一管道内，否则会有干扰。

（5）客厅、厨房、卫生间如果铺砖，一些位置可以适当考虑不用开槽布线。

（6）插座离地面一般为 30cm，不应低于 20cm；开关一般距地面 140cm。

（7）排风扇开关、电话插座应装在马桶附近，而不是装在进卫生间门的墙边。

（8）浴霸应考虑装在靠近淋浴房或浴缸的正上方位置。

（9）阳台、走廊、衣帽间可以考虑预留插座。

（10）带有镜子和衣帽钩的空间，要考虑镜面附近的照明。

（11）客厅、主卧、卫生间应根据个人生活习惯和方便性考虑预设电话线。

（12）插座的安装位置很重要，常有插座正好位于床头柜后边，造成柜子不能靠墙的情况发生。

（13）电视机、电脑背景墙的插座可适当多一些，但也没必要设置太多插座，最好连接一个线板放在电视机、电脑的侧面。

（14）电路改造时有必要根据家电使用情况进行线路增容。

（15）安装漏电保护器和空气开关的分线盒应放在室内，防止他人偷电或搞破坏。

（16）装灯带不实用，不常用，华而不实。在设计安装灯带时应与业主沟通并说明。

2.2.4 配电箱及控制开关设计

2.2.4.1 家庭配电箱的设计

由于各家各户用电情况及布线上的差异，配电箱只能根据实际需要而定。一般照明、插座、容量较大的空调或用电器各为一个回路，而一般容量空调两个合一个回路。当然，也有厨房、空调（无论容量大小）各占一个回路的，并且在一些回路中应安排漏电保护。家用配电箱一般有6、7、10个回路，在此范围内究竟选用何种箱体，应考虑住宅、用电器功率大小、布线等，并且还必须控制总容量在电能表的最大容量之内（目前家用电能表一般为10～40A）。

2.2.4.2 家庭总开关容量的设计

家庭的总开关应根据家庭用电器的总功率来选择，而总功率是各分路功率之和的0.8倍，即总功率为

$$P_总 = (P_1 + P_2 + P_3 + \cdots + P_n) \times 0.8$$

总开关承受的电流应为

$$I_总 = P_总 \times 4.5$$

式中　$P_总$——总功率（容量），kW；

P_1、P_2、$P_3 \cdots P_n$——分路功率，kW；

$I_总$——总电流，A。

2.2.4.3 分路开关的设计

分路开关的承受电流为

$$I_分 = 0.8 P_n \times 4.5(A)$$

空调回路要考虑到启动电流，其开关容量为

$$I_{空调} = (0.8 P_n \times 4.5) \times 3(A)$$

分回路要按家庭区域划分。一般来说，分路的容量选择在1.5kW以下，单个用电器的功率在1kW以上的建议单列为一分回路（如空调、电热水器、取暖器灯大功率家用电器）。

2.2.5 导线使用设计

一般铜导线的安全载流量为2～8A/mm²，如截面积为2.5mm² BVV铜导线安全载流量的推荐值为2.5mm² × 8A/mm² = 20A，截面积为4mm² BVV铜导线安全载流量的推荐值为4mm² × 8A/mm² = 32A。

考虑到导线在长期使用过程中要经受各种不确定因素的影响，一般按照以下经验公式估算导线截面积：

$$导线截面积(mm^2)=I/4(A)$$

例如，某家用单相电能表的额定电流最大值为 40A，则选择导线为 $I/4=40A/4=10A$，即选择截面积为 $10mm^2$ 的铜芯导线。

按照国家的有关规定，家装电路应使用铜芯线，而且应尽量使用较大截面积的铜芯线。如果导线截面积过小，其后果是导线发热加剧，外层绝缘老化加速，易导致短路和接地故障。一般来说，在电能表前的铜线截面积应选择 $10mm^2$ 以上，家庭内一般照明及插座的铜导线截面积使用 $2.5mm^2$，而空调等大功率家用电器的铜导线截面积至少应选择 $4mm^2$。

2.2.6 插座使用设计

（1）住宅内空调电源插座、普通电源插座、电热水器电源插座、厨房电源插座和卫生间电源插座与照明应分开回路设置。

（2）电源插座回路应具有过载保护、短路保护和过电压保护、欠电压保护或采用带多种功能的低压断路器和漏电综合保护器，宜同时断开相线和中性线，不应采用熔断器作为保护元件。除分体式空调电源插座回路外，其他电源插座回路应设置漏电保护装置。有条件时，宜按分回路分别设置漏电保护装置。

（3）每个空调电源插座回路中电源插座数量不应超过 2 只。柜式空调应采用单独回路供电。

（4）卫生间应做局部辅助等电位联结。

（5）厨房与卫生间靠近时，在其附近可设分配电箱，给厨房和卫生间的电源插座回路供电。这样可以减少住户配电箱的出线回路，减少回路交叉，提高供电可靠性。

（6）从配电箱引出的电源插座分支回路导线截面积应采用不小于 $2.5mm^2$ 的铜芯塑料线。

2.2.7 家装配电设计实例

2.2.7.1 一室一厅配电电路

住宅小区常采用单相三线制，电能表集中装于楼道内。一室一厅配电电路如图 2-8 所示。

一室一厅配电电路中共有三个回路,即照明回路、空调回路、插座回路。图 2-8(a) 中,QS 为双极隔离开关;QF1～QF3 为双极低压断路器,其中 QF2 和 QF3 具有漏电保护功能(即剩余电流保护器,俗称漏电断路器,又称 RCD)。对于空调回路,如果采用壁挂式空调,因为人不易接触空调,可以不采用带漏电保护功能的断路器;但对于柜式空调,则必须采用带漏电保护功能的断路器。

为了防止其他家用电器用电时影响电脑的正常工作,可以把图 2-8(a) 中的插座回路再分成家电供电和电脑供电两个插座回路,如图 2-8(b) 所示。两路共同受 QF3 控制,只要有一个插座漏电,QF3 就会立即跳闸断电,PE 为保护接地线。

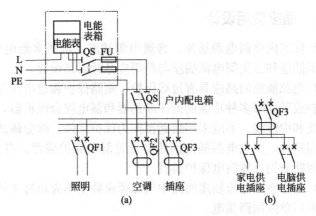

图 2-8　一室一厅配电电路

2.2.7.2　两室一厅配电电路

一般居室的电源线都布成暗线,需在建筑施工中预埋塑料空心管,并在管内穿好细铁丝,以备引穿电源线。待工程安装完工时,把电源线经电能表及用电器控制闸刀后通过预埋管引入居室内的客厅。客厅墙上方预留有一暗室,暗室前为木制开关板,装有总电源闸刀,然后分别把暗线经过开关引向墙上壁灯。

吊灯以及电扇电源线分别引向墙上方天花板中间处。安装吊灯和吊扇时,两者之间要有足够的安全距离或根据客厅的大小来决定。如果是长方形客厅,可在客厅中间的一半中心安装吊灯,另一半中心安装吊扇，也可只安装吊灯（这对有空调的房间更为适宜）。安装吊扇处要在钢筋水泥板上预埋吊钩，再把电源线引至客厅的电视电源插座、台灯插座、音响插座、冰箱插座以及备用插座等用电设施。

卧室应考虑安装壁灯、吸顶灯及一些插座。厨房要考虑安装抽油烟机电源插座、换气扇电源插座以及电热器具插座。

卫生间要考虑安装壁灯电源插座、抽风机电源插座以及洗衣机三孔单相插座和电热水器电源插座等。总之要根据居室布局尽可能地把电源插座一次安装到位。两室一厅居室电源布线分配线路参考方案如图 2-9 所示。

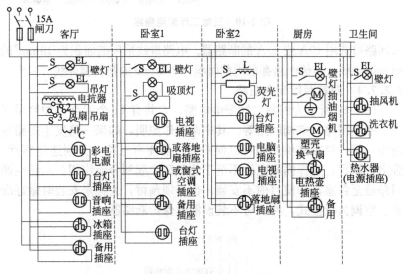

图 2-9　两室一厅居室电源布线分配电路

2.2.7.3　三室两厅配电电路

图 2-10 所示为三室两厅配电电路，它共有 10 个回路。总电源处不装漏电保护器，主要是由于房间面积大且分路多，漏电电流不容易与总漏电保护器匹配，容易引起误动或拒动；另外，还可以防止回路漏电引起总漏电保护器跳闸，从而使整个住房停电。而在回路上装设漏电保护器就可克服上述缺点。

元器件选择：总开关采用双极 63A 隔离开关，照明回路上安装 6A 双极断路器，空调回路根据容量不同可选用 15A 或 20A 的断路器，插

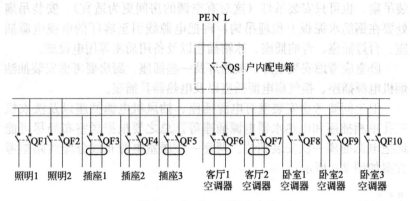

图 2-10 三室二厅配电电路

座回路可选用 10A 或 15A 的断路器。电路进线采用截面积为 16mm^2 的塑料铜导线,其他回路都采用截面积为 2.5mm^2 的塑料铜导线。

2.2.7.4 四室两厅配电电路

图 2-11 所示为四室二厅配电电路,它共有 11 个回路,如照明回路、插座回路、空调回路等。其中两路作照明,如果一路发生短路等故障,另一路能提供照明,以便检修。插座有三路,分别送至客厅、卧室、厨房,这样插座电线不至于超负荷,起到分流作用。六路空调回路通至各室,即使目前不安装,也必须预留,为将来安装时做好准备。空调为壁挂式,所以可不装设漏电保护断路器。

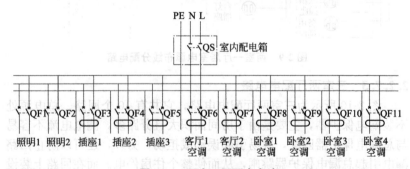

图 2-11 四室二厅配电电路

2.2.7.5 家用单相三线闭合型安装电路

家用单相三线闭合型安装电路如图 2-12 所示。它由漏电保护开关 SD、分线盒子 X1～X4 以及回形导线等组成。

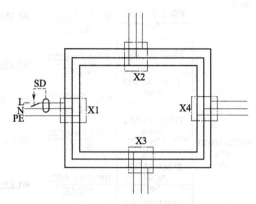

图 2-12　家用单相三线闭合型安装电路

　　一户作为一个独立的供电单元，可采用安全可靠的三线闭合型电路安装方式。该电路也可以用于一个独立的房间。如果用于一个独立的房间，则四个方向中的任意一处都可以作为电源的引入端，当然电源开关也应随之换位，其余分支可用来连接负载。

　　在电源正常的条件下，闭合型电路中的任意一点断路都会影响其他负载的正常运行。在导线截面积相同的条件下，与单回路配线比较，其带负载能力提高 1 倍。闭合型电路灵活方便，可以在任一方位的接线盒内装入单相负载，不仅可以延长电路使用寿命，而且可以防止发生电气火灾。

2.2.7.6　二居家装配电设计实例

　　配电箱 ALC2 位于楼层配电小间内，楼层配电小间在楼梯对面墙上。从配电箱 ALC2 向室内配电箱共有八条输出回路，具体如图 2-13 所示。

　　（1）WL1 回路为室内照明回路，导线的敷设方式标注为 BV-3×2.5-SC15-WC.CC，采用三根规格是 2.5mm² 的铜导线，穿直径为 15mm 钢管，暗敷设在墙内和楼板内（WC.CC）。为了用电安全，照明线路中加上了保护线 PE。如果安装铁外壳的灯具，应对铁外壳做接零保护。

　　如图 2-14 所示，WL1 回路在配电箱右上角向下数第二根线，线

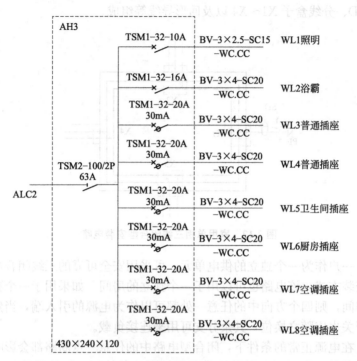

图 2-13 室内配电箱电气系统图

末端是门厅的灯，室内的灯全部采用12W吸顶安装（S）。门厅灯的开关在配电箱上方门旁，是单控单联开关。配电箱到灯的线上有一条小斜线标着"3"，表示这段线路有三根导线。灯到开关的线上没有标记，表示是两根导线，一根是相线，另一根是通过开关返回灯的线（俗称开关回相线）。图2-14中所有灯与灯之间的线路都标着三根导线，灯到单控单联开关线路都是两根导线。

从门厅灯引出两根线，一根到起居室灯，另一根到前室灯。第一根线到起居室灯的开关在灯右上方前室门外侧，是单控单联开关。从起居室灯向下在阳台上有一盏灯，开关在灯左上方起居室门内侧，是单控单联开关。起居室到阳台的门为推拉门。这段线路到达终点，回到起居室灯，从起居室灯向右为卧室灯，开关在灯上方卧室门右内侧，是单控单联开关。

门厅灯向右是第二根线到前室灯，开关在灯左面前室门内侧，是

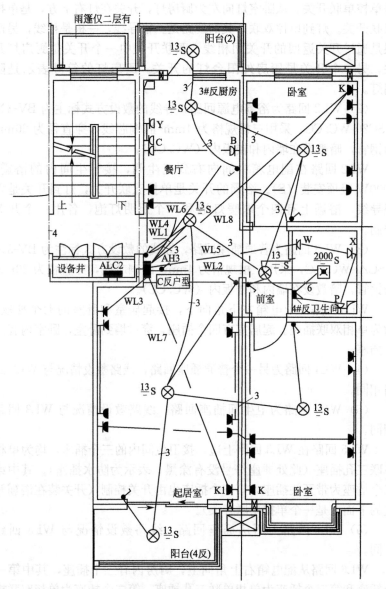

图 2-14　照明电气设计平面图

单控单联开关。从前室灯向上为卧室灯，开关在灯下方卧室右内侧，是单控单联开关。从卧室灯向左为厨房灯，开关在灯右下方，是单控双联开关。灯到单控双联开关的线路是三根导线，一根是相线，另两根是通过开关返回的开关回相线。双联开关中一个开关是厨房灯开关，另一个开关是厨房外阳台灯的开关。厨房灯的符号表示是防潮灯。

（2）WL2 回路为浴霸电源回路，导线的敷设方式标主为 BV-3×4-SC20-WC. CC，采用三根规格为 4mm² 的铜芯线，穿直径为 20mm 的钢管，暗敷设在墙内和楼板内（WC. CC）。

WL2 回路在配电箱中间向右到卫生间，接卫生间内的浴霸，2000W 吸顶安装（S）。浴霸的开关是单控五联开关，灯到开关是六根导线，浴霸上有四个取暖灯泡和一个照明灯泡，各用一个开关控制。

（3）WL3 回路为普通插座回路，导线的敷设方式标注为 BV-3×4-SC20-WC. CC，采用三根规格为 4mm² 的铜芯线，穿直径为 20mm 的钢管，暗敷设在墙内和楼板内（WC. CC）。

WL3 回路从配电箱左下角向下，接起居室和卧室的七个插座，均为单相双联插座。起居室有四个插座，穿过墙到卧室，卧室内有三个插座。

（4）WL4 回路为另一个普通插座回路，线路敷设情况与 WL3 回路相同。

（5）WL5 回路为卫生间插座回路，线路敷设情况与 WL3 回路相同。

WL5 回路在 WL3 回路上边，接卫生间内的三个插座，均为单相单联三孔插座（此处插座符号没有涂黑，表示为防水插座）。其中第二个插座为带开关插座，第三个插座也由开关控制（开关装在浴霸开关的下面，是一个单控单联开关）。

（6）WL6 回路为厨房插座回路，线路敷设情况与 WL3 回路相同。

WL6 回路从配电箱右上角向上，厨房内有三个插座，其中第一个插座和第三个插座为单相单联三孔插座，第二个插座为单相双联插座，均使用防水插座。

（7）WL7 回路为空调插座回路，线路敷设情况与 WL3 回路相同。

　　WL7 回路从配电箱右下角向下，接起居室右下角的单相单联三孔插座。

　　（8）WL8 回路为另一个空调插座回路，线路敷设情况与 WL3 回路相同。

　　WL8 回路从配电箱右侧中间向右上，接上面卧室右上角的单相单联三孔插座，然后返回卧室左面墙，沿墙向下到下面卧室左下角的单相单联三孔插座。

2.2.8　家装配电图绘制

　　配电电路图用于详细表示电路、设备或成套装置的组成以及连接关系和作用原理，为调整、安装和维修提供依据，为编制接线图和接线表等接线文件提供信息，如图 2-15 所示。这种配线原理接线图按用电设备的实际连接次序画图，不反映平面布置，通常有两种画法，一种画法是多线图，例如电路若为 4 根线就画 4 根线；另一种画法是单线图，例如单相、三相都用单线表示，一个回路的线若用单线表示，则在线上加斜画短线表示线数，加 3 条斜短线就表示 3 根线，加 2 条斜短线就表示 2 根线，对线数多的也可画 1 条短线加注几根线的数字来表示。

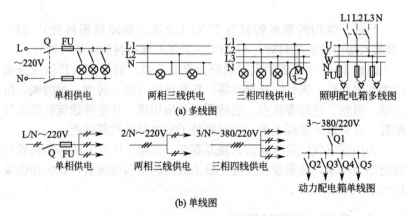

图 2-15　动力与照明配电电路图的画法

第3章

电工线路安装基本技能

3.1 PVC 线管选用

目前，常用的塑料管材有 PVC（聚氯乙烯硬质塑料管）、FPG（聚氯乙烯半硬质塑料管）和 KPC（聚氯乙烯塑料波纹塑料管）。

阻燃 PVC 电线管的主要成分为聚氯乙烯，另外加入其他成分来增强其耐热性、韧性、延展性等，具有抗压力强、防潮、耐酸碱、防鼠咬、阻燃、绝缘等优点。它适用于公用建筑、住宅等建筑物的电气配管，可浇筑于混凝土内，也可明装于室内及吊顶等场所。

为保证电气线路符合防火规范要求，在施工中所采用的塑料管均为阻燃型材质，凡敷设在现浇混凝土墙内的塑料电线管，其抗压强度应大于 $750N/mm^2$。

3.1.1 家装电线管的选用

常用阻燃 PVC 电线管管径有 $\phi16mm$、$\phi20mm$、$\phi25mm$、$\phi32mm$、

$\phi 40mm$、$\phi 50mm$、$\phi 63mm$、$\phi 75mm$ 和 $\phi 110mm$ 等规格。$\phi 16mm$、$\phi 20mm$ 一般用于室内照明线路，$\phi 25mm$ 常用于插座或室内主线管，$\phi 32mm$ 常用于进户线的线管（有时也用于弱电线管），$\phi 50mm$、$\phi 63mm$、$\phi 75mm$ 常用于室外配电箱至室内的线管，$\phi 110mm$ 可用于每栋楼或者每单元的主线管（主线管常用的都是铁管或镀锌管）。

家装电路常用电线管的种类及选用见表 3-1。

表 3-1　家装电路常用电线管的种类及选用

种类	选用	图示
圆管	主要用于暗装布线，家庭施工中用得最多，规格按照管径来区分	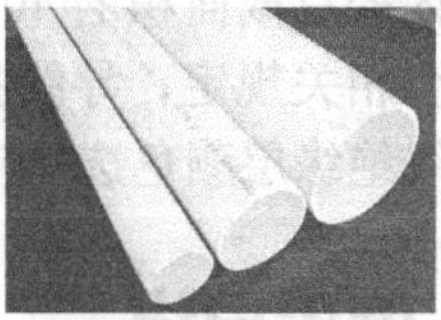
槽管	一般用于临时性明装布线或不便于暗装布线的场所，家装用得较少，规格按槽宽来分	
波形管	波纹软管，常用于天花板吊顶布线	
黄蜡管	较细的绝缘软管，常用于电器设备接线处，也可在管上作线路序号及标记	

3.1.2　PVC管质量检查

（1）检查 PVC 管外壁是否有生产厂标记和阻燃标记，对无上述两种标记的 PVC 管不能采用。

（2）用火使 PVC 管燃烧，PVC 管撤离火源后在 30s 内自熄的为阻燃测试合格。

（3）弯曲时，管内应穿入专用弹簧。试验时，把管子弯成 90°，弯曲半径为 3 倍管径，弯曲后外观应光滑。

（4）用榔头敲击至 PVC 管变形，无裂缝的为冲击测试合格。

现代家庭装修的室内线路包括强电线路和弱电线路，一般都采用 PVC 电线管暗敷设。室内配线应按图施工，并严格执行《建筑电气施工质量验收规范》（GB 50302—2015）及有关规定。主要工艺要求有：配线管路的布置及其导线型号、规格应符合设计规定；室内导线不应有裸露部分；管内配线导线的总截面积（包括外绝缘层）不应超过管子内径总截面积的 40%；室内电气线路与其他管道间的最小距离应符合相关规定；导线接头及其绝缘层恢复应达到相关的技术要求；导线绝缘层颜色选择应一致且符合相关规定。

3.2 连接导线

在日常的电气安装工作中，常常需要把一根导线与另一根导线连接起来。导线的连接是电工基本技能之一。导线连接的质量关系着线路和设备运行的可靠性和安全性。

导线连接过程大致可分为三个步骤，即导线绝缘层的剥削、导线线头的连接和导线连接处绝缘层的恢复。

导线与导线的连接处一般被称为接头。导线接头的技术要求是：导线接触紧密，不得增加电阻；接头处的绝缘强度不应低于导线原有的绝缘强度，接头处的机械强度不应小于导线原有的机械强度的 80%。

3.2.1 导线的剖削

连接导线是电工作业人员必须掌握的技术，是安装线路及维修工作中经常用到的技术。导线连接的质量对线路的安全程度和可靠性影响很大，导线连接处通常是电气故障的高发部位。所以采用正确的导线连接方法可以降低故障的发生率，既加强线路运行的可靠性，又可减轻工作强度。

连接导线前，应先对导线的绝缘层进行剖削。电工作业人员必须学会用电工刀或钢丝钳来剖削导线的绝缘层。对于芯线截面积在 $4mm^2$ 及以下的导线，常采用剥线钳或钢丝钳来完成剖削；而对于芯

线截面积在 $4mm^2$ 以上的导线，多采用电工刀来完成剖削。剖削导线的方法见表 3-2。

表 3-2　常用剖削导线的示意图

导线分类	操作示意图	操作要点说明
塑料绝缘小截面硬铜芯线或铝芯线		(1)用钢丝钳剥削的方法： ①在需要剖削的线头根部，用钢丝钳的钳口适当用力(以不损伤芯线为度)钳住绝缘层 ②左手拉紧导线，右手握紧钢丝钳头部，用力将绝缘层强行拉脱
塑料绝缘软铜芯线		(2)用剥线钳剥削的方法： ①把导线放入相应的刃口中(刃口比导线直径稍大) ②用手将钳柄一握，导线的绝缘层即被割断自动弹出
塑料绝缘大截面硬铜芯线或铝芯线		①电工刀与导线成 45°，用刀口切破绝缘层 ②将电工刀倒成 15°~25°倾斜角向前推进，削去上面一侧的绝缘层 ③将未削去的部分扳翻，齐根削去
塑料护套线		①按照所需剥削长度，用电工刀刀尖对准两股芯线中间，划开护套层 ②扳翻护套层，齐根切去
橡套电缆		③按照塑料绝缘小截面硬铜芯线绝缘层的剖削方法用钢丝钳或剥线钳去除每根芯线绝缘层
橡皮线		①用电工刀像剥削塑料护套层的方法去除外层公共橡皮绝缘层 ②用钢丝钳或剥线钳剥削每股芯线的绝缘层

导线分类	操作示意图	操作要点说明
花线	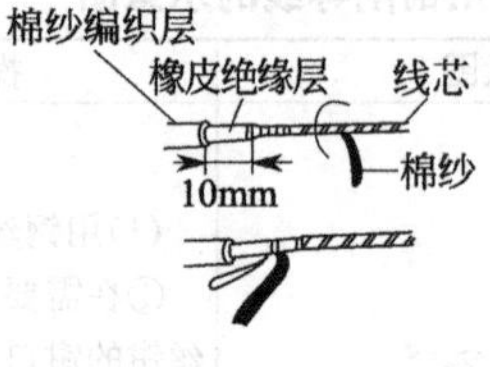 棉纱编织层 橡皮绝缘层　线芯 棉纱 10mm	①在剖削处用电工刀将棉纱编织层周围切断并拉去 ②参照上面方法用钢丝钳或剥线钳剥削芯线外的橡皮层
铅包线		①在剖削处用电工刀将铅包层横着切断一圈后拉去 ②用剥削塑料护套线绝缘层的方法去除公共绝缘层和每股芯线的绝缘层

剖削导线注意要领如下：

（1）在导线连接前，必须把导线端部的绝缘层削去。操作时，应根据各种导线的特点选择恰当的工具，剥削绝缘层的操作方法一定要正确。

（2）不论采用哪种剥削方法，剥削时千万不可损伤线芯。否则，会降低导线的机械强度，且会因为导线截面积减小而增加导线的电阻值，在使用过程中容易发热；此外，在损伤线芯处缠绝缘带时容易产生空气间隙，增加了线芯氧化的概率。

（3）绝缘层剥削的长率，依接头方式和导线截面积的不同而不同。

3.2.2　导线的连接

连接导线时应根据导线的材料、规格、种类等采用不同的连接方法。连接导线的基本要求：电气接触好，即接触电阻要小；要有足够的机械强度。

3.2.2.1　铜芯导线连接

常用的导线有单股、多股等多种线芯结构形式，其连接方法也有所不同，具体见表 3-3。

表 3-3　铜芯导线的连接方法

名称		连接步骤	图　　示
单股铜芯导线	直接连接	①将两线头的芯线成"X"形交叉后,互相绞绕 2～3 圈并扳直两线头 ②将两个线头在各侧芯线上紧绕 6～8 圈,钳去余下的芯线,并钳平芯线的末端	
单股铜芯导线	T字分支连接	①将支路芯线的线头与干线芯线"十"形相交后按顺时针方向缠绕支路芯线 ②缠绕 6～8 圈后,钳去余下的芯线,并钳平芯线末端 ③对于较小截面的芯线,应先环绕结扣,再把支路线头扳直,紧密缠绕 8 圈,随后剪去多余芯线,钳平切口毛刺	
单股铜导线与多股铜导线	T字分支连接	①在距多股导线的左端绝缘层切口 3～5mm 处的芯线上,用螺丝刀把多股线芯均分两组 ②勒直芯线,把单股芯线插入多股芯线的两组芯线中间,但不可到底,应使绝缘层切口离多股芯线 5mm 左右 ③用钢丝钳把多股芯线的插缝钳平钳紧 ④把单股芯线按顺时针方向紧绕在多股芯线上,缠绕 10 圈,钳断余端,并钳平切口毛刺	

名称	连接步骤	图　　示
七股铜芯（或铝芯）导线	直接连接	①将两芯线头绝缘层剖削（长度为 l 后，散开并拉直，把靠近绝缘层根部 1/3 线段的芯线绞紧 ②将余下的 2/3 芯线按右图分散成伞状，并拉直每根芯线 ③把两组伞状芯线线头隔根对插，并捏平两端芯线，选择右侧 1 根芯线扳起垂直于芯线，并按顺时针方向缠绕 3 圈 ④将余下的芯线向右扳直，再把第 2 根芯线扳起垂直于芯线，仍按顺时针方向紧紧压住前 1 根扳直的芯线缠绕 3 圈 ⑤将余下的芯线向右扳直，再把剩余的 5 根芯线依次按上述步骤操作后，切去多余的芯线，并钳平线端 ⑥用同样的方法缠绕另一侧芯线	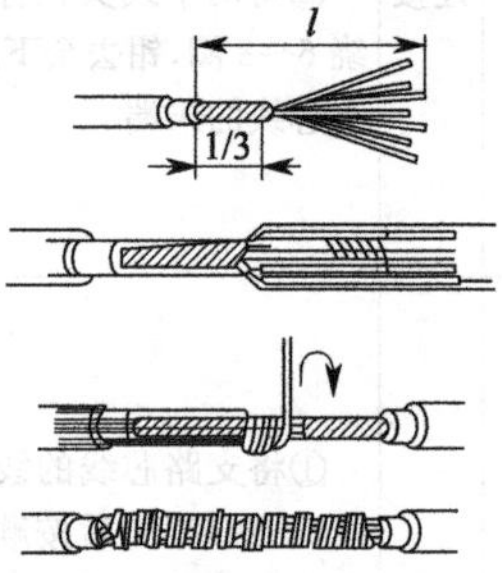
	T字分支连接	①将分支芯线散开钳直，接着把靠近绝缘层 1/8 线段的芯线绞紧 ②将其余线头 7/8 的芯线分成 4、3 两组并排齐，用一字螺丝刀把干线的芯线撬分两组，将支线中 4 根芯线的一组插入两组芯线干线中间，而把 3 根芯线的一组支线放在干线芯线的前面 ③把右边 3 根芯线的一组在干线一边按顺时针方向紧紧缠绕 3~4 圈，并钳平线端；再把左边 4 根芯线的一组芯线按逆时针方向缠绕，缠绕 4~5 圈后钳平线端	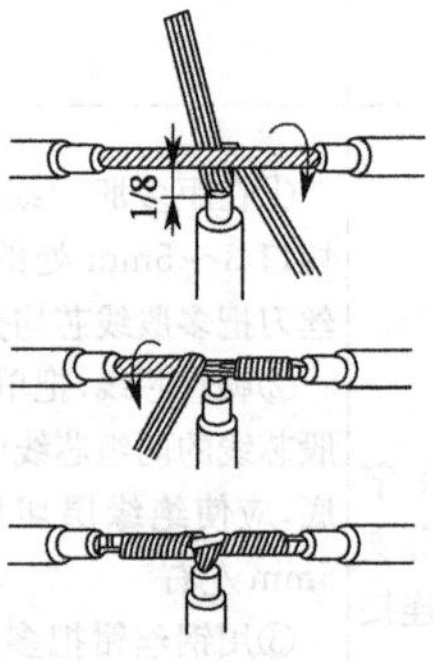

3.2.2.2　线头与接线桩连接

在电工工作中，许多电器与导线的连接采用接线桩或螺钉压接的连接，见表3-4。

表 3-4 线头与接线桩连接示意图

方式	连接步骤	图 示
线头与针孔式接线桩	①若单股芯线与接线桩插线孔大小适宜，则将芯线插入针孔，旋紧螺钉即可，若单股芯线较细，则要把芯线折成双根，再插入针孔 ②若是多股细丝的软芯芯，应先绞紧芯芯，再插入针孔，决不允许有细丝露在外面，以免发生短路	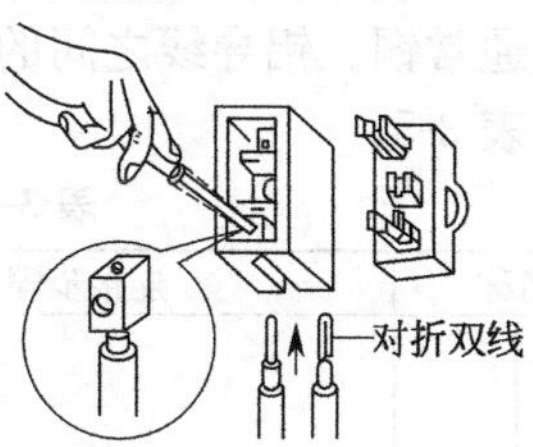 对折双线
线头与螺钉平压式接线桩	①若是较小截面单股芯线，则应把线头弯成接线圈(俗称羊眼圈)，弯成的方向应与螺钉拧紧的方向一致 ②较大截面单股芯线连接时，线头应装配套的接线耳，由接线耳再与接线桩连接在一起 ③采用多股软线压接前，按图中所示步骤将导线线头弯成接线圈	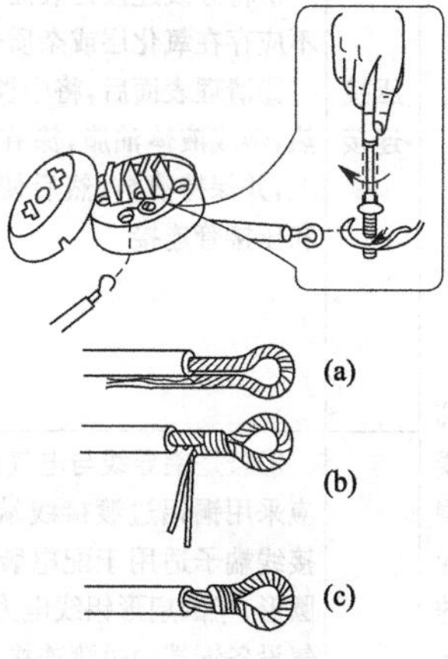 (a)(b)(c)
线头与瓦形接线桩	①若是较小截面单股芯线，则应把线头卡入瓦形接线桩内进行压接 ②对于较大截面芯线，可直接将线芯塞入瓦形接线桩下压接，但压接后要拽拉接头检查接线紧固情况	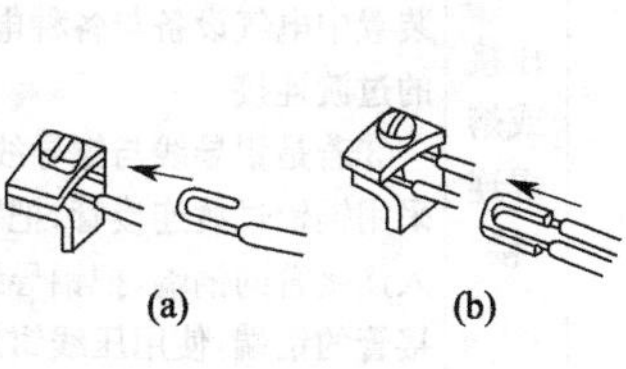 (a)(b)

3.2.2.3 铝芯导线连接

铜芯导线通常可以直接连接，而铝芯导线由于常温下易氧化且氧化铝的电阻率较高，故一般采用压接的方式。注意：铜芯导线与铝芯导线不能直接连接，因为：

（1）铜、铝的热膨胀率不同，连接处容易产生松动。

（2）铜、铝直接连接会产生电化腐蚀现象。

通常铜、铝导线之间的连接要采用专用的铜铝过渡接头，连接方法见表3-5。

表 3-5　铝芯导线连接方法

名称		连接步骤	图　　示
铝芯导线与铜芯导线的压接	压接连接	①将导线连接处表面清理干净，不应存在氧化层或杂质尘土　②清理表面后，将中性凡士林加热，熔成液体油脂，涂在铝筒内壁上，并保持清洁，然后使用压线钳和压接管连接	 (a) 压线钳 (b) 铝压接管 (c) 装配　25～30 压坑 (d) 压接后的效果
	压接或熔焊连接	①若是铝导线与电气设备连接，应采用铜铝过渡接线端子。铜铝接线端子适用于配电装置中各种圆形、半圆扇形铝线电力电缆与电气设备铜端的过渡连接　②铜铝接线夹适用于户内配电装置中电气设备与各种电线、电缆的过渡连接　③若是铝导线与铜导线连接，应采用铜铝过渡连接管，把铜导线插入连接管的铜端，把铝导线插入连接管的铝端，使用压线钳压接。连接管适用于配电装置中各种圆形、半圆扇形电线和电缆之间的连接　④JB-TL系列铜铝过渡并沟线夹适用于电力线路铝导线与铜导线的过流连接	 铜铝接线端子　铜铝接线夹 铜铝过渡连接管 铜铝过渡并沟线夹

3.2.2.4 铜芯导线端子压接

对于导线端头与各种电器螺钉之间的连接，目前还广泛采用一种快捷而优质的连接方法，即用压线钳（见图3-1）和冷压接线端头来完成。压接工作非常简单，只要遵从正确的工作顺序并配备合适的压接工具即可。

图3-1 压线钳

使用压线钳不需要丰富的经验和现场条件，操作简便，接头工艺美观，因而使用广泛。

冷压接线端头（简称铜接头），亦称配线器材和线鼻子、接线耳等，其材质多为优质红铜、青铜，以确保导电性能。端头表面一般镀锡，防氧化，抗腐蚀，品种较多，以适应不同设备的装配需要。

新型冷压接线端头适用于工业（如机床、电器）、仪器、仪表以及汽车、空调等行业，更为国内电气连接技术达到国际标准搭起了一座桥梁。常用冷压接线端头的外形见表3-6。

表3-6 常用冷压接线端头

名称	外形	名称	外形
叉形冷压端头		叉形预绝缘端头	
圆形冷压端头		圆形预绝缘端头	
针形冷压端头		针形、片形预绝缘端头	

续表

名称	外形	名称	外形
公预绝缘端头		片式插接件	
母预绝缘端头		子弹形公预绝缘端头	

3.2.2.5 截面积较大导线端子压接

对于截面积较大（6mm²以上）的导线使用压线钳时应配备可互换的压接模套，采用专用压接钳来完成，有手动、液压、电动等多种方式。如图 3-2 所示为新型液压快速压接钳和压接好的导线。

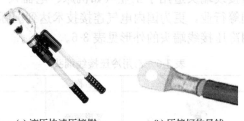

(a) 液压快速压接钳　　　　(b) 压接好的导线

图 3-2　新型液压快速压接钳和压接好的导线

3.2.2.6 压线帽的使用

在现代电气照明用具的安装及接线工作中，使用专用压线帽来完成导线线头的绝缘恢复已成为快捷的工艺，它通常是借助于压线钳来完成的，如图 3-3 所示。

3.2.2.7 导线绝缘处理

在线头连接完工后，必须恢复连接前被破坏的绝缘层，要求恢复后的绝缘强度不得低于剥削以前的绝缘强度，所以必须选择绝缘性能好、机械强度高的绝缘材料。

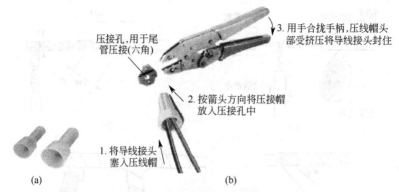

图 3-3　压线帽的使用方法

在电工技术上，用于包缠线头的绝缘材料常用黄蜡带、涤纶薄膜带、黑胶带等。家居线路绝缘处理一般选用宽度为 20mm 的电工专用绝缘带比较合适。

3.2.3　直连线绝缘恢复处理

对于照明线路，电气设备导线的接头及破损的导线绝缘多是使用黑胶布直接包缠来完成导线绝缘恢复的，除此之外还有绝缘胶带、黄蜡带、涤纶薄膜带等材料。

（1）包缠时，从导线左边完整的绝缘层上开始包缠，包缠两倍带宽后方可进入无绝缘层的芯线部分，如图 3-4(a) 所示。

（2）包缠时，黄蜡带（黑胶带）与导线保持约 55°的倾斜角，每圈压叠带宽的 1/2，如图 3-4(b) 所示。

（3）包缠一层黄蜡带后，将黑胶布接在黄蜡带的尾端，按另一斜叠方向包缠一层黑胶布，也应每圈叠压前面带宽的 1/2，如图 3-4 (c)、(d) 所示。

对于压接后的导线端头通常采用 PVC 电气绝缘胶带或黑胶带包缠绝缘，具体方法如图 3-5 所示。

电线绝缘恢复时注意事项如下：

（1）在 380V 线路上恢复导线绝缘时，首先包缠 1～2 层黄蜡带，然后包缠 1 层黑胶布。

（2）在 220V 线路上恢复导线绝缘时，先包缠 1 层黄蜡带，再包缠 1 层黑胶布，或只包缠 2 层黑胶布。

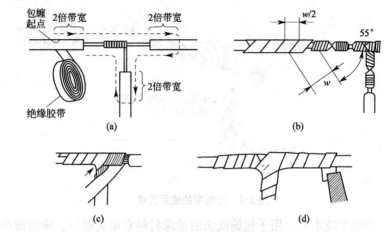

图 3-4　导线绝缘层的包缠

(a) PVC电气绝缘胶带　　　(b) 使用黑胶布包缠　　　(c) 包缠后的导线端头

图 3-5　胶布包缠

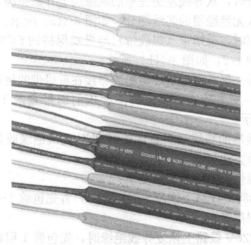

图 3-6　热缩管绝缘处理

（3）绝缘带存放时要避免高温，也不可接触油类物质。

3.2.4 热缩管绝缘处理

用 $\phi 2.2 \sim \phi 8mm$ 热缩管来替代电工绝缘胶带，比用绝缘胶事的接头密封、绝缘，外观干净、整洁，非常适合家庭装修应用，如图 3-6 所示。例如，在导线焊接后可用热缩管做多层绝缘，其方法是：在接线前先将大于裸线段 4cm 的热缩管穿在各端，接线后先移套在裸线段，用家用热吹风机（或打火机）热缩，冷却后再将另一段穿覆上去热缩。若是接线头，头部热缩后可用尖嘴钳钳压封口。

3.2.5 家庭线路保护要求

（1）线路应采用适当的短路保护、过载保护及接地（零）措施。

（2）应严格按照设计图中所标示用户设备的位置，确定管线走向、标高及开关、插座的位置。强弱电应分管分槽铺设，强弱电间距应大于或等于 150mm。

（3）导线穿墙的应穿管保护，两端伸出墙面不小于 10mm。导线间和线路对地的绝缘电阻不应小于 $0.5M\Omega$。

（4）导线应尽量减少接头。导线在连接和分支处不应受机械的作用，大截面积导线连接应使用与导线同种金属的接线端子。

（5）导线耐压等级应高于线路工作电压，截面积的安全电流应大于负荷电流和满足机械强度要求，绝缘层应符合线路安装方式和环境条件。

（6）家庭用电应按照明回路、电源插座回路、空调回路分开布线。这样，当其中一个回路出现故障时，其他回路仍可正常供电，不会给正常生活带来过多影响。插座上须安装漏电开关，防止因家用电器漏电造成人身电击事故。

3.3 室内配电装置安装

家庭室内配电装置包括配电箱及其控制保护电器、各种照明开关和用电器插座。这些配电装置一般采用暗装方式安装，安装时对工艺要求比较高，既要美观，更要符合安全用电规定。

3.3.1 室内断路器的安装

断路器又称为低压空气开关，简称空开。它是一种既有开关作用，又能进行自动保护的低压电器。它操作方便，既可以手动合闸、拉闸，也可以在流过电路的电流超过额定电流之后自动跳闸。这不仅仅是指短路电流，当用电器过多、电流过大时一样会跳闸。

在家庭电路中，断路器的作用相当于刀开关、漏电保护器等电器部分或全部的功能总和，所以被广泛应用于家庭配电线路中作为电源总开关或分支线路保护开关。当住宅线路或家用电器发生短路或过载时，它能自动跳闸切断电源，从而有效地保护线路或家用电器免受损坏或防止事故扩大。

断路器的保护功能有短路保护和过载保护，这些保护功能由断路器内部的各种脱扣器来实现。

3.3.1.1 短路保护功能

断路器的短路保护功能是由电磁脱扣器完成的。电磁脱扣器是由电磁线圈、铁芯和衔铁组成的电磁动作器件。线圈中通过正常工作电流时，电磁吸引力比较小，衔铁不会动作；当电路中发生严重过载或短路故障时，电流急剧增大，电磁吸引力增大，吸引衔铁动作，带动脱扣机构动作，使主触点断开。

电磁脱扣器是瞬时动作，只要电路中短路电流达到预先设定值，开关立刻做出反应，自动跳闸。

3.3.1.2 过载保护功能

断路器的过载保护功能是由热脱扣器来完成的。热脱扣器由双金属片与热元件组成，双金属片是铜片和铁片锻合制成的。由于铜和铁的热膨胀系数不同，发热时铜片膨胀量比铁片大，双金属片向铁片一侧弯曲变形，双金属片的弯曲可以带动动作机构使主触点断开。加热双金属片的热量来自串联在电路中的热元件，这是一个电阻值较高的导体。

当线路发生一般性过载时，电流虽不能使电磁脱扣器动作，但能使热元件产生一定热量，促使双金属片受热弯曲，推动杠杆使搭钩与锁扣脱开，将主触点分断，切断电源。

热脱扣器是延时动作，因为双金属片的弯曲需要加热一定时间，所以电路中要过载一段时间，热脱扣器才动作。一般来说，电路中允许出现短时间过载，这时并不必须切断电源，热脱扣器的延时性恰好满足了这种短时工作状态的要求。只有过载超过一定时间，才认为是出现故障，热脱扣器才会动作。

3.3.1.3 小型断路器的选用与安装

家庭用断路器可分为二极（2P）和一级（1P）两种类型。一般用二极（2P）断路器作为电源保护，用单极（1P）断路器作为分支回路保护，如图3-7所示。

单极（1P）断路器用于切断220V相线，双极（2P）断路器用于220V相线与零线同时切断。

目前家庭使用DZ系列的断路器，常见的型号/规格有C16、C25、C32、C40、C60、C80、C10、C120等，其中C表示脱扣电流，即额定启跳电流，如C32表示启跳电流为32A。

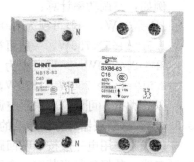

图3-7 小型断路器

断路器的额定启跳电流如果选择偏小，则易频繁跳闸，引起不必要的停电；如果选择过大，则达不到预期的保护效果。因此正确选择家装断路器额定电流大小很重要。那么，一般家庭如何选择或验算总负荷电流的总值呢？

（1）电风扇、电熨斗、电热毯、电热水器、电暖器、电饭锅、电炒锅等电气设备属于电阻性负载，可用额定功率直接除以电压进行计算，即

$$I = \frac{P}{U} = \frac{总功率}{220V}$$

（2）吸尘器、空调、荧光灯、洗衣机等电气设备属于感性负载，具体计算时还要考虑功率因数问题。为便于估算，根据其额定功率计算出来的结果再翻一倍即可。例如，额定功率20W的荧光灯的分支电流为

$$I = \frac{P}{U} \times 2 = \frac{20W}{220V} \times 2 = 0.18A$$

电路总负荷电流等于各分支电流之和。知道了分支电流和总电流，就可以选择分支断路器及总断路器、总熔断器、电能表以及各支路电线的规格，或者验算已设计的电气部件规格是否符合安全要求。

在设计、选择断路器时，要考虑到以后用电负荷增加的可能性，为以后需求留有余量。为了确保安全可靠，作为总闸的断路器的额定工作电流一般应大于 2 倍所需的最大负荷电流。

例如，空调功率计算：

1P＝735W，一般可视为 750W。

1.5P＝1.5×750W，一般可视为 1125W。

2P＝2×750W，一般可视为 1500W。

2.5P＝2.5×750W＝1875W，一般可视为 1900W。

以此类推，可计算出家用空调的功率。

3.3.1.4　总断路器与分断路器的选择

现代家庭用电一般按照明回路、电源插座回路、空调回路等进行分开布线，其好处是当其中一个回路（如插座回路）出现故障时，其他回路仍可以正常供电，如图 3-8 所示。插座回路必须安装漏电保护装置，防止家用电器漏电造成人身电击事故。

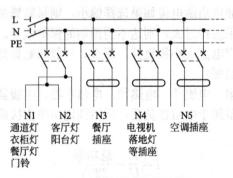

图 3-8　家庭配电回路示例

（1）住户配电箱总开关一般选择双极 32～63A 小型断路器。

（2）照明回路一般选择 10～16A 小型断路器。

（3）插座回路一般选择 13～20A 小型断路器。

（4）空调回路一般选择 13～25A 小型断路器。

以上选择仅供参考，每户的实际用电器功率不一样，具体选择要按设计为准。

也可采用双极或 1P＋N（相线＋中性线）小型断路器，当线路出现短路或漏电故障时，立即切断电源的相线和中性线，确保人身安全及用电设备的安全。

家庭选配断路器的基本原则是"照明小，插座中，空调大"。应根据用户的要求和装修个性的差异性，并结合实际情况进行灵活的配电方案选择。

3.3.1.5　断路器的安装

断路器一般应垂直安装在配电箱中，其操作手柄及传动杠杆的开、合位置应正确，如图 3-9 所示。

单极组合式断路器的底部有一个燕尾槽，安装时把靠上边的槽勾入导轨边，再用力压断路器的下边，下边有一个活动的卡扣，就会牢牢卡在导轨上，卡住后断路器可以沿导轨横向移动调整位置。拆卸断路器时，找一活动的卡扣另一端的拉环，用螺丝刀撬动拉环，把卡扣拉出向斜上方扳动，断路器就可以取下来。

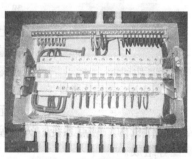

图 3-9　断路器安装实图

断路器安装前检测：

（1）用万用表电阻挡测量各触点间的接触电阻。万用表置于"R×100"挡或"R×1k"挡，两表笔不分正、负，分别接低压断路器进、出线相对应的两个接线端，测量主触点的通断是否良好。当接通按钮被按下时，其对应的两个接线端之间的阻值应为零；当切断按钮被按下时，各触点间的接触阻值应为无穷大，表明低压断路器各触点间通断情况良好，否则说明该低压断路器已损坏。

有些型号的低压断路器除主触点外还有辅助触点，可用同样方法对辅助触点进行检测。

（2）用兆欧表测量两极触点间的绝缘电阻。用 500V 兆欧表测量不同极的任意两个接线端间的绝缘电阻（接通状态和切断状态分别测量），阻值均应为无穷大。如果被测低压断路器是金属外壳或外壳上有金属部分，还应测量每个接线端与外壳之间的绝缘电阻，阻值也均应为无穷大，否则说明该低压断路器绝缘性能太差，不能使用。

3.3.1.6 家用漏电断路器

顾名思义，家用漏电断路器具有漏电保护功能，即当发生人身触电或设备漏电时，能迅速切断电源，保障人身安全，防止触电事故；同时，还可用来防止由于设备绝缘损坏产生接地故障电流而引起的电气火灾危险。

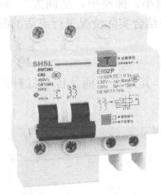

图 3-10 漏电断路器

为了用电安全，在配电箱中应安装漏电断路器，可以安装一个总漏电断路器，也可以在每一个带保护线的三线支路上安装漏电断路器，一般插座支路安装漏电断路器。家庭常用的是单相组合式漏电断路器，如图 3-10 所示。

漏电断路器实质上是加装了检测漏电元件的塑壳式断路器，主要由塑料外壳、操作机构、触点系统、灭弧室、脱扣器、零序电流互感器及试验装置等组成。

漏电断路器有电磁式电流动作型、晶体管（集成电路）式电流动作型两种。电磁式电流动作型漏电断路器是直接动作，晶体管或集成电路式电流动作型漏电断路器是间接动作，即在零序电流互感器和漏电脱扣器之间增加一个电子放大电路，因而使零序电流互感器的体积大大缩小，也缩小了漏电断路器的体积。

电磁式电流动作型漏电断路器的工作原理如图 3-11 所示。

漏电断路器上除了开关扳手外，还有一个试验按钮，用来试验断路器的漏电动作是否正常。断路器安好后通电合闸，按一下试验按钮，断路器应自动跳闸。当断路器漏电动作跳闸时，应及时排除故障后再重新合闸。

注意：不要认为家庭安装了漏电断路器，用电就平安无事了。漏电断路器必须定期检查，否则即使安装了漏电断路器不能确保用电安全。

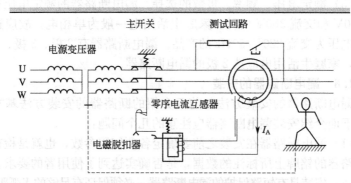

图3-11 电磁式电流动作型漏电断路器的工作原理

3.3.1.7 漏电断路器的选择

(1) 漏电动作电流及动作时间的选择。额定漏电动作电流是指在制造厂规定的条件下，保证漏电断路器必须动作的额定动作电流值。漏电断路器的额定漏电动作电流主要有 5mA、10mA、20mA、30mA、50mA、75mA、100mA、300mA 等几种。家用漏电断路器漏电动作电流一般选用 30mA 及以下额定动作电流，特别在潮湿区域（如浴室、卫生间等）最好选用额定动作电流为 10mA 的漏电断路器。

额定漏电动作时间是指在制造厂规定的条件下，对应额定漏电动作电流的最大漏电分断时间。单相漏电断路器的额定漏电动作时间主要有小于或等于 0.1s、小于 0.15s、小于 0.2s 等几种。小于或等于 0.1s 的为快速型漏电断路器，防止人身触电的家庭用单相漏电断路器应选用此类漏电断路器。

(2) 额定电流的选择。目前市场上适合家庭生活用电的单相漏电断路器，从保护功能来说，大致有漏电保护专用，漏电保护和过电流保护兼用，漏电、过电流、短路保护兼用等三种产品。漏电断路器的额定电流主要有 6A、10A、16A、20A、40A、63A、100A、160A、200A 等多种规格。对带过电流保护的漏电断路器，同一等级额定电流下会有几种过电流脱扣器额定电流值。例如，DZL15-20/2 型漏电断路器具有漏电保护与过电流保护功能，其额定电流为 20A，但其过电流脱扣器额定电流有 10A、16A、20A 三种，因此过电流脱扣器额定电流的选择应尽量接近家庭用电的实际电流。

（3）额定电压、频率、极数的选择。漏电断路器的额定电压有交流 220V 和交流 380V 两种，家庭生活用电一般为单相电，故应选用额定电压为交流 220V/50Hz 的产品。漏电断路器有 2 极、3 极、4 极三种，家庭生活用电应选 2 极的漏电断路器。

3.3.1.8　漏电断路器的安装

漏电断路器的安装方法与前面介绍的断路器的安装方法基本相同，下面介绍安装漏电断路器应注意的几个问题：

（1）漏电断路器在安装之前要确定各项使用参数，也就是检查漏电断路器的铭牌上所标注的数据，是否确实达到了使用者的要求。

（2）安装具有短路保护的漏电断路器，必须保证有足够的飞弧距离。

（3）安装组合式漏电断路器时，应使用铜质导线连接控制回路。

（4）要严格区分中性线（N）和接地保护线（PE），中性线和接地保护线不能混用。N 线要通过漏电断路器，PE 线不通过漏电断路器，如图 3-12(a) 所示。如果供电系统中只有 N 线，可以从漏电断路器上口接线端分成 N 线和 PE 线，如图 3-12(b) 所示。

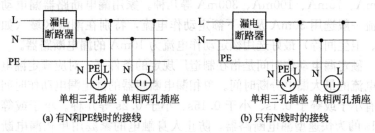

(a) 有N和PE线时的接线　　　　　　(b) 只有N线时的接线

图 3-12　单相 2 极式漏电断路器的接线

注意：漏电断路器后面的零线不能接地，也不能接设备外壳，否则会合不上闸。

（5）漏电断路器在安装完毕后要进行测试，确定漏电断路器在线路短路时能可靠动作。一般来说，漏电断路器安装完毕后至少要进行 3 次测试并通过后，才能开始正常运行。

3.3.1.9　漏电断路器与空气断路器的区别

（1）空气断路器（又称空气开关）一般为低压的，即额定工作电压为 1kV。空气断路器是具有多种保护功能的、能够在额定电压和额定工作电流状况下切断和接通电路的开关装置。它的保护功能的类型及保护方式由用户根据需要选定，例如短路保护、过电流保护为空气断路器的基本配置，分励控制保护、欠电压保护为选配功能。所以，空气断路器还能在故障状态（负载短路、负载过电流、低电压等）下切断电气回路。

（2）漏电断路器是一种利用检测被保护电网内所发生的相线对地漏电或触电电流的大小，而发出动作跳闸信号，并完成动作跳闸任务的保护电器。在装设漏电断路器的低压电网中，正常情况下电网相线对地泄漏电流（对于三相电网则是不平衡泄漏电流）较小，达不到漏电断路器的动作电流值，因此漏电断路器不动作。当被保护电网内发生漏电或人身触电等故障后，通过漏电断路器检测元件的电流达到其漏电或触电动作电流值时，则漏电断路器就会发生动作跳闸的指令，使其除控制断路器的基本功能外，还能在负载回路出现漏电（其泄漏电流达到设定值）时能迅速分断开关，以避免在负载回路出现漏电时对人员和对电气设备产生不利影响。

（3）漏电断路器不能代替空气断路器。虽然漏电断路器比空气断路器多了一项保护功能，但是在运行过程中因漏电的可能性经常存在而会出现经常跳闸的现象，导致负载经常出现停电，影响电气设备持续、正常的运行。所以，一般只在施工现场临时用电或工业与民用建筑的插座回路中采用。

简而言之，空气断路器仅有开关闭合器的作用，没有漏电自动跳闸的保护功能。漏电断路器仅有开关闭合器的作用，也具有漏电自动跳闸的保护功能。漏电断路器保护的主要是人身，一般动作值是毫安级；而空气断路器就是纯粹的过电流跳闸，一般动作值是安级。

3.3.2　室内配电箱的安装与配线

为了安全供电，每个家庭都要安装一个配电箱。楼宇住宅家庭通常有两个配电箱，一个是统一安装在楼层总配电间的配电箱，主要安装的是家庭的电能表和配电总开关；另一个则是安装在居室内的配电箱，主要安装的是分别控制房间各条线路和断路器。许多家庭在室内配电箱中还安装有一个总开关。

3.3.2.1　配电箱的结构

家庭室内配电箱担负着住宅内的供电与配电任务，并具有过载保护和漏电保护功能。配电箱内的电气设备可分为控制电器和保护电器两大类:控制电器是指各种配电开关;保护电器是指在电路某一电器发生故障时,能够自动切断供电电路的电器,从而防止出现严重后果。

家庭常用配电箱有金属外壳和塑料外壳两种,主要由箱体、盖板、上盖和装饰片等组成。对配电箱的制造材料要求较高,上盖应选用耐候阻燃 PS 塑料,盖板应选用透明 PMMA,内盒一般选用1.00mm 厚度的冷轧板并表面喷塑。

3.3.2.2 配电箱内部分配

家庭室内配电箱一般嵌装在墙体内,外面仅可见其面板。室内配电箱一般由电源总闸单元、漏电保护单元和回路控制单元构成。

(1)电源总闸单元一般位于配电箱的最左边,采用电源总闸(隔离开关)作为控制元件,控制着入户总电源。拉下电源总闸,即可同时切断入户的交流 220V 电源的相线和零线。

(2)漏电断路器单元一般设置在电源总闸的右边,采用漏电断路器(漏电保护器)作为控制与保护元件。漏电断路器的开关扳手平时朝上处于"合"位置;在漏电断路器面板上有一试验按钮,供平时检验漏电断路器用。当室内线路或电器发生漏电或有人触电时,漏电断路器会迅速动作切断电源(这时可见开关扳手已朝下处于"分"位置)。

(3)回路控制单元一般设置在配电箱的右边,采用断路器作为控制元件,将电源分若干路向室内供电。对于小户型住宅(如一室一厅),可分为照明回路、插座回路和空调回路。各个回路单独设置各自的断路器和熔断器。对于中等户型、大户型住宅(如两室一厅一厨一卫、三室一厅一厨一卫等),在小户型住宅回路的基础上可以考虑增设一些控制回路,如客厅回路、主卧室回路、次卧室回路、厨房回路、空调 1 回路、空调 2 回路等,一般可设置 8 个以上的回路,居室数量越多,设置回路就越多,其目的是达到用民安全方便。图 3-13所示为建筑面积在 90m^2 左右的普通两居室配电箱控制回路设计实例。

室内配电箱在电气上,电源总闸、漏电断路器、回路控制 3 个功能单元是顺序连接的,即交流 220V 电源首先接入电源总闸,通过电源总闸后进入漏电断路器,通过漏电断路器后分几个回路输出。

3.3.2.3 配电箱的安装

配电箱是单元住户用于控制住宅中各个支路的,将住宅中的用电

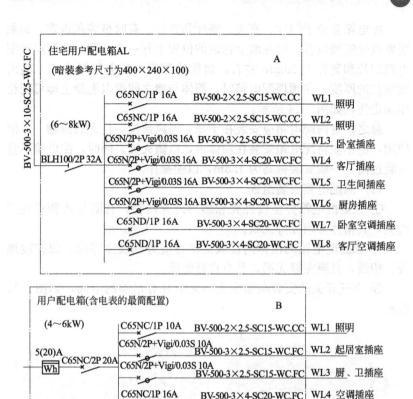

图 3-13　两居室配电箱控制回路设计实例

分配成不同的支路，主要目的是便于用电管理、便于日常使用、便于电力维护。

家庭室内配电箱的安装可分为明装、暗装和半露式三种。明装通常采用悬挂式，可以用金属膨胀螺栓等将箱体固定在墙上；暗装为嵌入式，应随土建施工预埋，也可在土建施工时预留孔然后采用预埋。现代家庭装修一般采用暗装配电箱。

对于楼宇住宅新房，房产开发商一般在进门处靠近天花板的适当位置留有室内配电箱的安装位置，许多开发商已经将室内配电箱预埋安装，装修时应尽量用原来的位置。

配电箱多位于门厅、玄关、餐厅和客厅，有时被装在走廊。如果需要改变安装位置，则在墙上选定的位置上开一个孔洞，孔洞应比配电箱的长和宽各大 20mm 左右，预留的深度为配电箱厚度加上洞内壁抹灰的厚度。在预埋配电箱时，箱体与墙之间填以混凝土即可把箱体固定住，如图 3-14 所示。

总之，室内配电箱应安装在干燥、通风部位，且无妨碍物，方便使用，绝不能将配电箱安装在箱体内，以防火灾。同时，配电箱不宜安装过高，一般安装标高为 1.8m，以便操作。

(1) 总配电箱安装组成

① 家庭配电箱分金属外壳和塑料外壳两种，有明装式和暗装式两类，其箱体必须完好无缺。

② 家庭配电箱的箱体内接线汇流排应分别设立零线、保护接地线、相线，且要完好无损，具有良好绝缘。

③ 空气开关的安装座架应光洁无阻并有足够的空间，如图 3-15 所示。

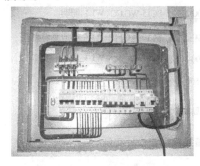
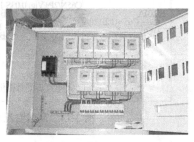

图 3-14　配电箱安装示意图　　**图 3-15　空气开关安装示意图**

(2) 家庭配电箱安装要点

① 家庭配电箱应安装在干燥、通风部位，且无妨碍物，方便使用。

② 家庭配电箱不宜安装过高，一般安装标高为 1.8m，以便操作。

③ 进配电箱的电管必须用锁紧螺母固定。

④ 若家庭配电箱需开孔，孔的边缘必须平滑、光洁，如图 3-16 所示。

⑤ 配电箱埋入墙体时应垂直、水平，边缘留 5~6mm 的缝隙。

⑥ 配电箱内的接线应规则、整齐，端子螺钉必须紧固，如图 3-17所示。

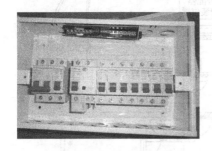 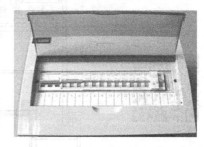

图 3-16　开孔的实物图　　　　图 3-17　紧固端子螺钉

⑦ 各回路进线必须有足够长度，不得有接头。

⑧ 安装后标明各回路使用名称。

⑨ 家庭配电箱安装完成后必须清理配电箱内的残留物。

（3）家庭配电箱接线图在进行安装时也是必不可少的，为大家准备了几幅很详细的接线图，如图 3-18 所示。

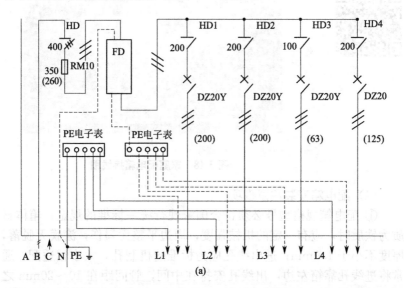

(a)

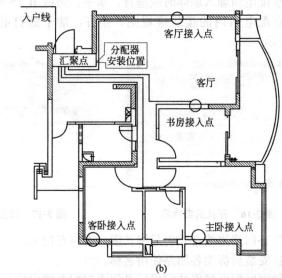

(b)

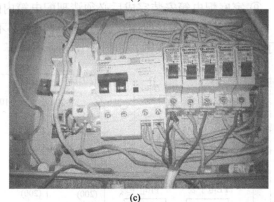

(c)

图 3-18　家庭配电箱接线图

（4）配电箱安装注意事项

① 配电箱规格型号必须符合国家现行统一标准的规定；箱体材质为铁质时，应有一定的机械强度，周边平整无损伤，涂膜无脱落，厚度不小于 1.0mm；进出线孔应为标准的机制孔，大小相适配，通常将进线孔靠箱左边，出线孔安排在中间，管间距在 10～20mm 之间，并根据不同的材质加设锁扣或护圈等，工作零线汇流排与箱体绝

缘，汇流排材质为铜质；箱底边距地面不小于 1.5m。

②箱内断路器和漏电断路器安装牢固；质量应合格，开关动作灵活可靠，漏电装置动作电流不大于 30mA，动作时间不大于 0.1s；其规格型号和回路数量应符合设计要求。

③箱内的导线截面积应符合设计要求，材质合格。

④箱内进户线应留有一定余量，一般为箱周边的一半。走线规矩、整齐，无绞接现象，相线、工作零线、保护地线的颜色应严格区分。

⑤工作零线、保护地线应经汇流排配出，室内配电箱电源总断路器（总开关）的出线截面积不应小于进线截面积，必要时应设相线汇流排。10mm² 及以下单股铜芯线可直接与设备器具的端子连接，小于或等于 2.5mm² 多股铜芯线应先拧紧搪锡或压接端子后与设备器具的端子连接，大于 2.5mm² 多股铜芯线除设备自带插接式端子外，应接续端子后与设备器具的端子连接，但不得采用开口端子，多股铜芯线与插接式端子连接前端部拧紧搪锡；对可同时断开相线、零线的断路器的进出导线应左边端子孔接零线，右边端子孔接相线。箱体应有可靠的接地措施。

⑥导线与端子连接紧密，不伤芯，不断股；插接式端子线芯不应过长，应为插接端子深度的 1/2；同一端子上导线连接不多于 2 根，且截面积相同；防松垫圈等零件应齐全。

⑦配电箱的金属外壳应可靠接地，接地螺栓必须加弹簧垫圈进行防松处理。

⑧配电箱内回路编号应齐全，标识正确。

⑨若设计与国家有关规范相违背，应及时与设计师沟通，经修改后再进行安装。

3.4　家庭电源插座选用与安装

3.4.1　家庭电源插座的选用

插座用于电器插头与电源的连接。家庭居室使用的插座均为单相插座。按照国家标准规定，单相插座可分为两孔插座和三孔插座，如

图 3-19 所示。

(a) 家用5孔插座　　　　　　　　(b) 家用16A插座

图 3-19　家用单相插座

单相插座常用的规格为：250V/10A 的普通照明插座，250V/16A 的空调、热水器用三孔插座。

家庭常用的电源插座面板有 86 型、120 型、118 型和 146 型。目前最常用的是 86 型插座，其面板尺寸为 86mm×86mm，安装孔中心距为 60.3mm。

值得注意的是，目前各国插座的标准有所不同，如图 3-20 所示。选用插座时一定要看清楚，否则与家庭所用电器的插头不匹配，则安装的插座就成了摆设。

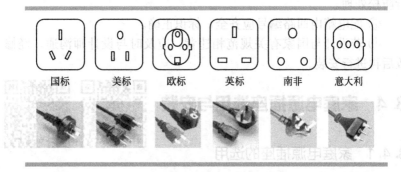

国标　　美标　　欧标　　英标　　南非　　意大利

图 3-20　各国插座的标准

3.4.2　电源插座的安装

3.4.2.1　电源插座的安装位置

电源插座的安装位置必须符合安全用电的规定，同时要考虑将来用电器的安放位置和家具的摆放位置。为了插头插拔方便，室内插座的安装高度为 0.3～1.8m。安装高度为 0.3m 的称为低位插座，安装高度为 1.8m 的称为高位插座。按使用需要，插座可以安装在设计要求的任何高度。

(1) 厨房插座可装在橱柜以上吊柜以下，为 0.82～1.4m，一般的安装高度为 1.2m 左右。抽油烟机插座应根据橱柜设计，安装在距地面 1.8m 处，最好能被排烟管道所遮蔽。近灶台上方处不得安装插座。

(2) 洗衣机插座距地面 1.2～1.5m 之间，最好选择开关三孔插座。

(3) 电冰箱插座距地面 0.3m 或 1.5m（根据电冰箱位置而定），且宜选择单三孔插座。

(4) 分体式、壁挂式空调插座宜根据出线管预留洞位置距地面 1.8m 处设置，窗式空调插座可在窗口旁距地面 1.4m 处设置，柜式空调电源插座宜在相应位置距地面 0.3m 处设置。

(5) 电热水器插座应在电热水器右侧距地面 1.4～1.5m，注意不要将插座设在电热水器上方。

(6) 厨房、卫生间的插座安装应尽可能远离用水区域。如靠近，应加配插座防溅盒。台盆镜旁可设置电吹风和剃须用电源插座，以离地 1.2～1.6m 为宜。

(7) 露台插座距地面应在 1.4m 以上，且尽可能避开阳光、雨水所及范围。

(8) 客厅、卧室的插座应根据家具（如沙发、电视柜、床）的尺寸来确定。一般来说，每个墙面的两个插座间距离应不大于 2.5m，在墙角 0.6m 范围内至少安装一个备用插座。

3.4.2.2　插座的接线

(1) 单相两孔插座有横装和竖装两种。横装时，面对插座的右极接相线（L），左极接零线（中性线 N），即"左零右相"；竖装时，面对插座的上极接相线，下极接中性线，即"上相下零"。

（2）单相三孔插座接线时，保护接地线（PE）应接在上方，下方的右极接相线，左极接中性线，即"左零右相中 PE"。单相插座的接线方法如图 3-21、图 3-22 所示。

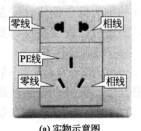

(a) 实物示意图

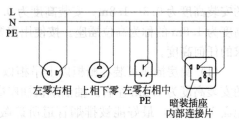

(b) 接线原理图

图 3-21　插座接线正视图

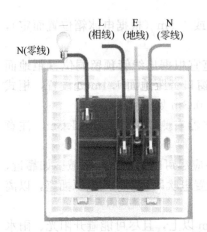

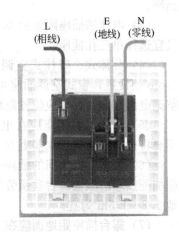

图 3-22　插座接线后视图

（3）多个插座导线连接时，不允许拱头连接，应采用 LC 型压接帽压接总头后，再进行分支线连接。

（4）暗装电源插座安装步骤及方法如图 3-23 所示。

首先要把墙壁开关插座安装工具准备好，开关插座安装工具：测量要用的卷尺（但水平尺也可以进行测量）、线坠、电钻和改锥（钻孔用）、绝缘手套和剥线钳等。

　　墙壁开关插座安装准备：在电路电线、底盒安装以及封面装修完成后安装。

图 3-23　插座安装方法

　　墙壁开关插座的安装需要满足重要作业条件：安装的墙面要刷白，油漆和壁纸在装修工作完成后才可开始操作。一些电路管道和盒子需铺设完毕，要完成绝缘遥测。

　　动手安装时天气要晴朗，房屋要通风干燥，要切断开关闸刀电箱电源。

3.4.2.3　插座安装过程

　　第一次安装电源墙壁开关插座要保证它的安全性和耐用性，建议咨询一下专业装修工人如何安装。

　　安装及更换开关盒前先用手机拍几张开关内部接线图，在拆卸时对开关插座盒中的接线要必须认清楚。安装工作要仔细进行，不允许出现接错线和漏接线的情况。

　　开关安装流程主要按清洁→接线→固定来安装。

　　第一步，墙壁开关插座底盒在拆卸好后，过对底盒墙内部清洁。

　　开关插座安装于木工油漆工等之后进行，对于长期用的底盒会在所难免堆积灰尘。对开关插座底盒存在的灰尘杂质清理干净，并用抹布把盒内残存灰尘擦净，这样做防止杂质影响电路工作。

　　第二步，电源线处理如图 3-24 所示。

　　将盒内甩出的导线留出一段将来要维修的长度，然后把线削出一些线芯，注意削线芯时不要碰伤线芯。

　　将导线按顺时针方向缠绕在开关插座对应的接线柱上，然后旋紧压头，这一步骤要求线芯不得外露。

　　第三步，插座三线接线方法如图 3-25 所示。

　　相线、零线和地线需要与插座的接口连接正确。

　　按接线图把相线接入开关 2 个孔中的一个 A 标记内，把另外一个孔中留出绝缘线接入下面的插座 3 个孔中的 L 孔内进行对接。零线接入插座 3 个孔中的 N 孔内接牢。地线接入插座 3 个孔中的 E 孔

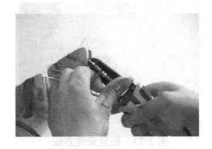

图 3-24　电源线处理

图 3-25　插座三线接线方法

内接牢。若零线与地线错接，使用电器时会出现黑灯及开关跳闸现象。

第四步，开关插座固定安装如图 3-26 所示。

图 3-26　开关插座固定安装

将盒内留出的导线由塑料台的出线孔中穿出来，将塑料台紧紧贴在墙面中，再用螺钉把它固定在底盒上。固定好后，将导线按刚刚打开盒时的接线方式，按各自的位置从开关插座的线孔中穿出来，并把导线压紧压牢。

第五步，将墙壁开关插座紧贴于塑料台上，方向位置摆正，然后用工具把螺钉固定牢，最后盖上装饰板。

3.4.3　电源插座安装注意事项

（1）插座必须按照规定接线，对照导线的颜色对号入座，相线要接在规定的接线柱上（标注有"L"字母），220V 电源进入插座的规定是"左零右相"。

（2）单相三孔插座最上端的接地孔一定要与接地线接牢、接实、接对，绝不能不接。零线与保护接地线切不可错接或接为一体。

（3）接线一定要牢靠，相邻接线柱上的电线要保持一定的距离，接头处不能有毛刺，以防短路。

（4）安装单相三孔插座时，必须是接地线孔在上方，相线零线孔在下方，单相三孔插座不得倒装。

（5）插座的额定电流应大于所接用电器负载的额定电流。

（6）在卫生间等潮湿场所不宜安装普通型插座，应安装防溅水型插座。

3.5 家装电工改电的操作过程

3.5.1 电路定位

电工首先要根据业主对电的用途进行电路定位如图 3-27 所示，最好画出施工图。

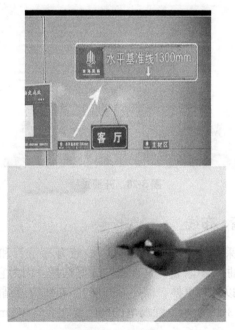

图 3-27 定位过程

3.5.2 开槽

定位完成后，电工根据定位和电路走向，分别用云石机、电锤、电镐等工具开布线槽。开线槽很有讲究，严格要求横平竖直，尽量不要开横槽，因为会影响墙的承受力。开槽过程如图 3-28 所示。

图 3-28 开槽过程

3.5.3 布管、布线

布线一般采用线管暗埋的方式。线管有冷弯管和 PVC 管两种，冷弯管可以弯曲而不断裂，是布线的最好选择（因为它的转角是有弧度的，线管可以随时更换，而不用开墙）。布线应遵循的原则如下：

（1）如图 3-29 所示，强弱电的间距要在 30～50cm 之间，以免出现干扰。

（2）强弱电更不能同穿一根管内，如图 3-30 所示。

（3）管内导线总截面面积要小于电线保护管截面面积的 40%，比如 ϕ20mm 管内最多穿 4 根 2.5mm² 的线，如图 3-31 所示。

（4）长距离的线管尽量用整管，如图 3-32 所示。

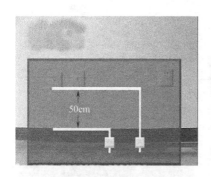

图 3-29　强弱电的间距

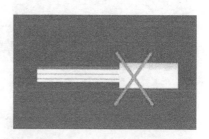

图 3-30　强弱电错误穿法

电线保护管

导线

导线总截面面积小于电线保护管截面面积的40%

图 3-31　截面积比例

图 3-32　管子选择

（5）线管如果需要接头连接时，接头和线管要用胶粘好，如图3-33、图 3-34 所示。

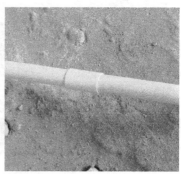

图 3-33　直管的连接

图 3-34　转角的连接

（6）如果有线管在地面上，应立即保护起来，防止踩裂，影响以后的检修。如果线管和电盒在墙上，要用快粘粉进行固定，如图 3-35、图 3-36 所示。

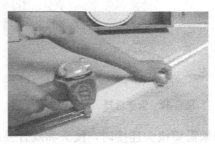

图 3-35　地面固定

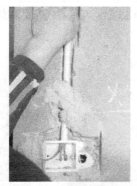
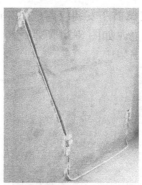
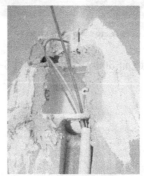

图 3-36　墙面固定

（7）当布线长度超过 15m 或中间有 3 个弯曲时，在中间应该加装一个接线盒（因为拆装电线时太长或弯曲多了，电线从穿线管过不去），如图 3-37 所示。

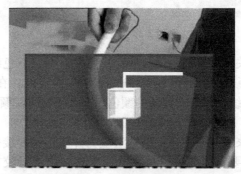

图 3-37　中间加接线盒

（8）空调插座安装应离地面 2m 以上，电线线路要和煤气管道相距 40cm 以上，如图 3-38 所示。

图 3-38　水电气距离

（9）插座安装应离地面 30cm 高度，如图 3-39 所示。

图 3-39　墙壁插座

（10）开关、插座面对面板应左零右相，绿黄双色线或黑线为地线。红线、黄线多用于相线，蓝线、绿线多为零线。在装修过程中，如果确定了相线、零线、地线的颜色，那么任何时候颜色都不能用混了，如图 3-40 所示。

（11）在家庭装修中，电线接法应为并头连接，接头处采用按压接线法，必须要结实牢固，接好的线要立即用绝缘胶布包好，如图 3-41 所示。

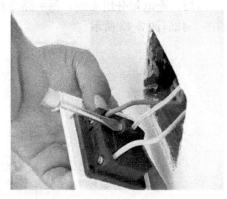

图 3-40 线的分类安装

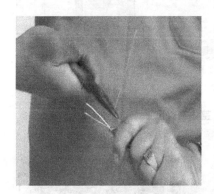
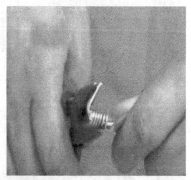

图 3-41 包裹绝缘胶布

（12）配电箱分组布线，每一路单独控制，接好面板后做好标记，如图 3-42、图 3-43 所示。

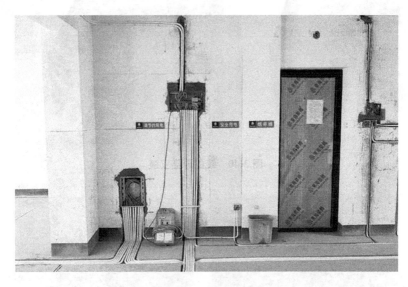

图 3-42　整体布线图

图 3-43　配电箱分组连接

3.5.4　弯管

冷弯管要用弯管工具，弧度应该是线管直径的 10 倍，这样穿线或拆线时才能顺利，如图 3-44 所示。

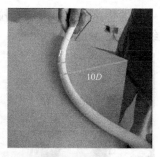

图 3-44　弯管

3.5.5　穿线

建筑施工中留有预埋管路，在改造过程中可以直接穿线。有的预埋管路中有拉线，可以直接带线拉线，如图 3-45 所示。

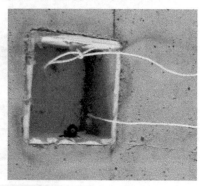

图 3-45　预埋管尼龙拉线

有的管路没有拉线或者拉线被拉断，此时应用钢丝穿入管内进行拉线，如图 3-46 所示。

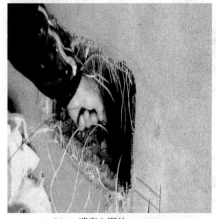

(a) 一端穿入钢丝

(b) 从另一端穿出的钢丝

(c) 钢丝与带线的连接方法

(d) 送线

(e) 钢丝拉线

(f) 拽出后线

图 3-46 穿线过程图

（1）木隔断处预留的电源插座要另外加固，如图 3-47 所示。

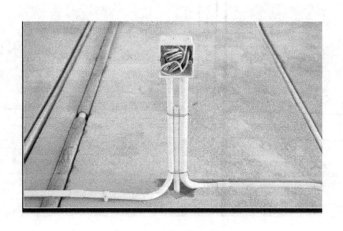

图 3-47　预留电源插座

（2）根据线管尺寸开槽，不要开太宽，也不要开太窄。拐弯时要切割好 45°的槽，如图 3-48 所示。

根据线管尺寸开槽,不要开太宽,也不要太窄,转角处45°切割,弯管要规范

图 3-48　45°的槽

（3）十字交叉勿高于地面，强弱电分管穿线，一般保持间距 50cm 以上，如图 3-49 所示。强弱电如果仅仅有交叉，基本不会有影响。

图 3-49 十字交叉管

（4）如果客厅铺地板，隔断处线管可以不用开槽。线管如果只有1～2根沿着墙角走也可以不开槽，如图 3-50 所示。

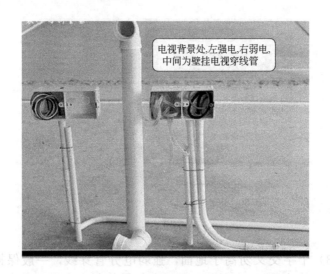

图 3-50 线管不开槽

（5）壁灯处用黄蜡管进行出线保护，如图 3-51 所示。

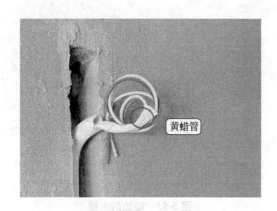

图 3-51　壁灯处出线保护

（6）客卫的镜前灯出口要固定，如图 3-52 所示。

图 3-52　客卫的镜前灯出口

（7）墙边可走线 1～2 根，其他地方不能这样走线。因为此处装修过程有踢脚线，可以遮盖线管，如图 3-53 所示。

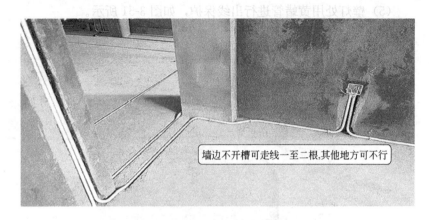

墙边不开槽可走线一至二根,其他地方可不行

图3-53 墙边的走线

（8）房间主灯位置要调整，开槽不可太深，如图3-54所示。

图3-54 房间主灯位置调整

3.5.6 房间配电设置参考实例

（1）书房和卧房要根据实际家具尺寸准确放样。床和床头柜都放样好了，插头和插座的位置就很好安排了，如图3-55所示。

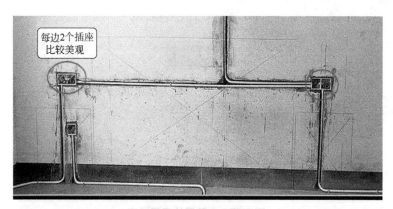

每边2个插座
比较美观

图 3-55　卧房插座

（2）书房除桌下安装电源插座外，桌面上也应考虑安装电源插座，便于手机充电，用台灯，如图 3-56 所示。

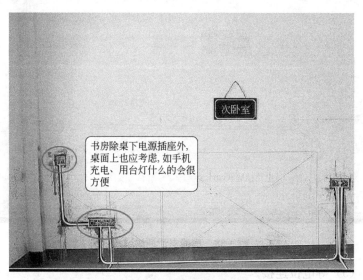

次卧室

书房除桌下电源插座外，
桌面上也应考虑，如手机
充电、用台灯什么的会很
方便

图 3-56　书房除电源插座

（3）房间的壁挂电视机底盒，如无其他电器配置要求，采用一个双盒或四盒就可以。小孩子的房间插座要距离地面 1.3m 以上，如图 3-57 所示。

图 3-57　小孩子的房间插座

（4）房间电话插座高度 30cm，床头柜可以挡住，如图 3-58 所示。

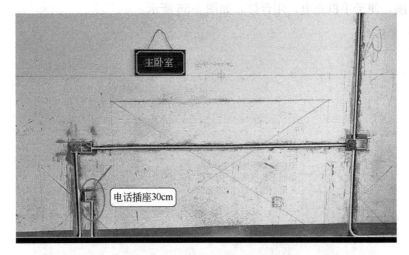

电话插座30cm

图 3-58　房间电话插座高度

（5）等电位连接。

　　等电位对用电安全、防雷以及电子信息设备的正常工作和安全使用，都是十分必要的。根据理论分析，等电位联结作用范围越小，电气上越安全。等电位联结主要起以下各种防护作用：雷击保护、静电保护、电磁干扰保护、触电保护、接地故障保护，现已列入国家建筑强制标准。通俗地说，在民宅建筑多用于潮湿区（如卫生间等），淋浴时防电流更安全。要是装修时没有封闭等电位端子，则完全可以避免雷击卫生间事件，当然低空雷击事件概率是极低的。等电位移位必须使用 6mm² 以上电线，可不套 PVC 线管。等电位改造连接如图 3-59 所示 。

图 3-59　等电位连接

当移动等电位后，原来的等电位可以用瓷砖封死，移位后可以加一个盖子。

3.6　照明开关安装

3.6.1　照明开关的种类与选用

3.6.1.1　照明开关的种类

照明开关是用来接通和断开照明线路电源的一种低压电器。开关、插座不仅是一种家居装饰功能用品，更是照明用电安全的主要零部件，其产品质量、性能材质对于预防火灾、降低损耗都有至关重要的作用。

照明开关的种类很多，下面介绍几种家庭照明电路比较常用的照明开关。

（1）按面板型分，有 86 型、120 型、118 型、146 型和 75 型，目前家庭装修应用最多的有 86 型和 118 型，见表 3-7。

表3-7 86型和118型面板开关图示及说明

开关型号	图示	说明
86型		外形尺寸86mm×86mm,安装孔中心距为60.3mm,外观是正方形。86型为国际标准,是目前我国大多数地区工程和家装中最常用的开关
118型		面板尺寸一般为70mm×118mm或类似尺寸,是一种横装的长条开关,分为大、中、小三种型号,其功能件(开关件、插座件、电话件、电视件、电脑件)与面板可以随意组合,如长三位、长四位、方四位。主要是日本、韩国等国家采用该形式产品,我国也有部分区域流行采用该形式产品。118型开关插座的优势在于风格比较灵活,可以根据自己的需要和喜好调换颜色,拆装方便,风格自由

(2) 按开关连接方式分,有单极开关、两极开关、三极开关、三极加中线开关、有公共进入线的双路开关,有一个断开位置的双路开关、两极双路开关、双路换向开关(或中向开关)。

(3) 按开关触点的断开情况分,有正常间隙结构开关,其触点分断间隙大于或等于3mm;小间隙结构开关,其触点分断间隙小于3mm但必须大于1.2mm。

(4) 按启动方式分,有旋转开关、跷板开关、按钮开关、声控开关、触屏开关、倒板开关、拉线开关。部分开关的外形如图3-60所示。

(a) 跷板开关　(b) 旋转开关　(c) 按钮开关　(d) 触屏开关　(e) 声控开关

图3-60 部分开关的外形图

（5）按有害进水的防护等级分，有普通防护等级 IPX0 或 IPX1 开关（插座）、防溅型防护等级 IPX4 开关（插座）、防喷型防护等级 IPXe 开关（插座）。

（6）按接线端子分，有螺钉外露开关和螺钉不外露开关两种，选择螺钉不外露开关更安全，如图 3-61 所示。

图 3-61　接线端子不外露的开关

（7）按安装方式分，有明装式开关和暗装式开关。

3.6.1.2　照明开关的选用

（1）照明开关的种类很多，选择时应从实用、质量、美观、价格、装修风格等几个方面加以综合考虑。选用时，每户的开关、插座应选用同一系列的产品，最好是同一厂家的产品。

（2）一般进门开关建议使用带提示灯的，为夜间使用提供方便。否则时间久了开关边上的墙就会变脏。而且摸索着开灯，总是给胆小的人带来很大的心理压力。

（3）开关面板的尺寸应与预埋的开关接线盒的尺寸一致。

（4）安装于卫生间内的照明开关宜与排气扇共用，采用双联防溅带指示灯型，开关装于卫生间门外则选带指示灯型；过道及起居室的部分开关应选用带指示灯型的两地双控开关。

（5）楼梯间开关用节能延时开关，其种类较多。通过几年的使用，已不宜用声控开关，因为不管在室内或室外有声音达到其动作值时，开关动作则灯亮，而这时楼梯间无人，不需灯亮。现在大多采用的是"神箭牌"GYZ系列产品，该产品是灯头内设有一特殊的开关装置，夜间有人走入其控制区（7m）内灯亮，经过延时3min灯自熄。比常规方式省掉了一个开关和灯至开关间电线及其布管，经使用效果不错，作为楼梯间照明值得选用。

（6）跷板开关在家庭装修中用得很普遍。这种类型的开关由于受到用户的欢迎，故生产厂家极多，不同厂家的产品价格相差很大，质量也有很大的差别。质量的好坏可从开关活动是否轻巧、接触是否可靠、面板是否光洁等来衡量。

（7）家庭用防水开关是在跷板开关外加一个防水软塑料罩制成的。目前市场上还有一种结构新颖的防水开关，其触点全部密封在硬塑料罩内，在塑料罩外利用活动的两块磁铁来吸合罩内的磁铁，以带动触点的分合，操作十分灵活。

（8）开关的款式、颜色应该与室内的整体风格相吻合。例如，室内装修的整体色调是浅色，则不应该选用黑色、棕色等深色的开关。

（9）一般来说，好的开关，轻按开关功能件，滑板式声音越轻微、手感越顺畅、节奏感强则质量较优；反之，启闭时声音不纯、动感涩滞且有中途间歇状态的声音则质量较差。

（10）根据所连接电器的数量，开关又分为一开、二开、三开、四开等多种形式。家庭中最常见的开关是一开单控，即一个开关一个或多个电器。双控开关也是较常见的，即两个开关同时控制一个或多个电器，根据所连电器的数量分为一开双控、二开双控等多种形式。双控开关用得恰当，给家庭生活带来很多便利。例如，卧室的顶灯一般在进门的门上装一个开关控制，如果床头再接一个开关同时控制这个灯，那么进门时可以用门开关打开灯，关灯时直接用床头开关就可以了，不必再下床去关灯。

（11）延时开关也很受欢迎（不过家装很少设计到用延时开关，一般常用转换开关）。卫生间里经常让灯和排气扇合用一个开关，有时很不方便，关上灯则排气扇也跟着关上，以致污气还没有排完。除了装转换开关可以解决问题外，还可以装延时开关，即使关上灯，排气扇还会再转几分钟才会关闭，很实用。

（12）荧光开关也很方便，夜里可以根据它发出的荧光很容易地找到开关的位置。

（13）可以设置一些带开关的插座，这样不用拔插头并且可以切断电源，也不至于拔下来的电线吊着影响美观。例如，洗衣机插座不用时可以关上，空调插座在淡季关上不用拔掉。

3.6.2　单控开关的安装

单控开关如图 3-62 所示。

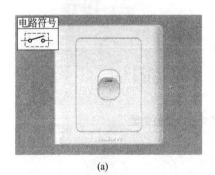
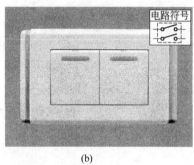

(a)　　　　　　　　　　　(b)

图 3-62　单控开关

（1）单控开关安装前，应首先对其单控开关接线盒进行安装，然后将单控开关固定到单控开关接线盒上，完成单控开关的安装。

（2）单控开关接线盒的安装如图 3-63 所示。

① 开关在安装接线前，应清理接线盒内的污物，检查盒体有无变形、破裂、水渍等易引起安装困难及事故的遗留物。

② 先把接线盒中留好的导线理好，留出足够操作的长度，长出盒沿 10～15cm。注意不要留得过短，否则很难接线；也不要留得过长，否则很难将开关装进接线盒。

③ 用剥线钳把导线的绝缘层剥去 10mm，把线头插入接线孔，用小螺丝刀把压线螺钉旋紧。注意线头不得裸露。

（3）面板安装如图 3-64 所示。

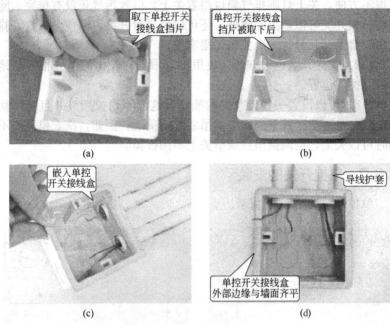

图 3-63　单控开关接线盒的安装

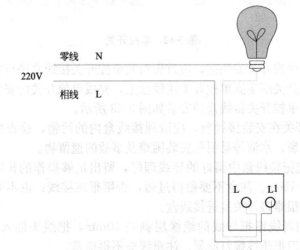

图 3-64　面板安装

开关面板分为两种类型:一种是单层面板,面板两边有螺钉孔;另一种是双层面板,把下层面板固定好后,再盖上第二层面板。

① 单层开关面板安装的方法:先将开关面板后面固定好的导线理顺盘好,把开关面板压入接线盒。压入前要先检查开关跷板的操作方向,一般按跷板下部,跷板上部凸出时,为开关接通灯亮的状态;按跷板上部,跷板下部凸出时,为开关断开灯灭的状态。再把螺钉插入螺钉孔,对准接线盒上的螺母旋入。在螺钉旋紧前应注意面板是否平齐,旋紧后面板上边要水平,不能倾斜。

② 双层开关面板安装方法:双层开关面板的外边框是可以拆掉的,安装前用小螺丝刀把外边框撬下来,把底层面板先安装好,再把外边框卡上去,如图 3-65 所示。

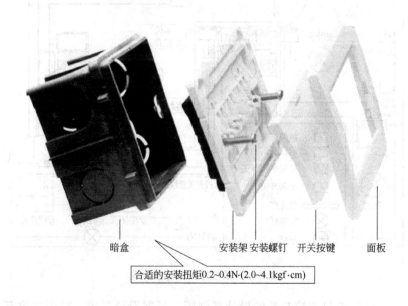

暗盒   安装架 安装螺钉 开关按键   面板

合适的安装扭矩0.2~0.4N·(2.0~4.1kgf·cm)

图 3-65 开关面板安装示意图

3.6.3 双控开关与多控开关

双控开关是指可以对照明灯具进行两地控制,该开关主要使用在两个开关控制一盏灯的环境下。双控开关可分为单位双控开关、双位双控开关和多位双控开关等，单位双控开关的外形结构同单控开关，但背部的接线柱有所不同，线路的连接方式也有很大的区别，因此可以实现双控的功能。

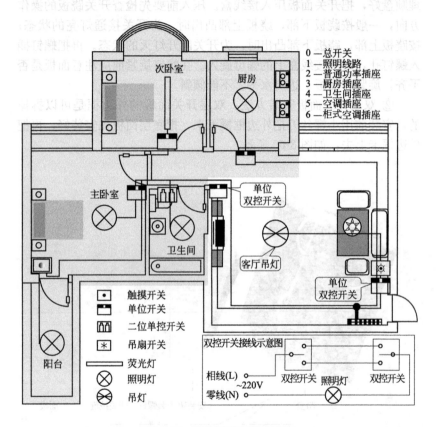

图 3-66 双控开关设计示意图

图 3-66 是双控开关的设计规划图。根据设计要求，采用双控开关控制客厅内吊灯的启停工作。双控开关安装在客厅的两个进门处，安装位置同单控开关，距地面的高度应为 1.3m，距门框的距离应为 0.12~0.2m。从双控开关接线示意图可看出双控开关控制照明灯的线路是通过两个单刀双掷开关进行控制的。

多控开关外形及接线示意图如图 3-67 所示。

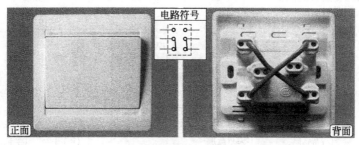

(a) 多控开关外形图

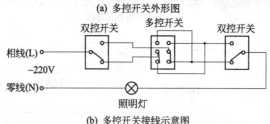

(b) 多控开关接线示意图

图 3-67　多控开关外形图及接线示意图

3.6.4　双控开关的安装

双控开关控制照明线路时，按动任何一个双控开关面板上的开关按键钮，都可控制照明灯的点亮和熄灭，也可按动其中一个双控开关面板上的按键点亮照明灯，然后通过另一个双控开关面板上的按键熄灭照明灯。

双控开关接线盒内预留导线及线路的敷设方式如图 3-68 所示。

进行双控开关的接线时，其中一个双控开关的接线盒内预留 5 根导线，而另一个双控开关接线盒内只需预留 3 根导线，即可实现双控。连接时，需根据接线盒内预留导线的颜色进行正确的连接。

双控开关的安装主要可以分为双控开关接线盒的安装、双控开关的接线、双控开关面板的安装三部分内容。

（1）双控开关接线盒的安装。双控开关接线盒的安装方法同单控开关接线盒的安装方法，在此不再表述。

（2）双控开关的接线。双控开关安装时也应做好安装前的准备工作，将其开关的护板取下，便于拧入固定螺钉将开关固定在墙面上，如图 3-69 所示。

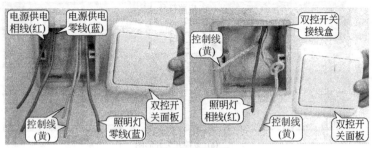

(a) 内部预留导线

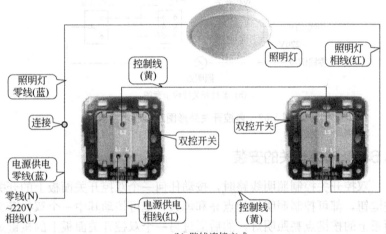

(b) 路线连接方式

图 3-68 双控开关接线盒内预留导线及线路的敷设方式

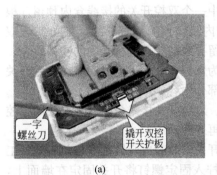

(a)

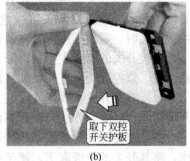

(b)

图 3-69 双控开关拆卸

使用一字螺丝刀插入双控开关护板和双控开关底座的缝隙中，撬动双控开关护板将其取下，取下后即可进行线路的连接了。

双控开关的接线操作需分别对两地的双控开关进行接线和安装操作。安装时，应严格按照开关接线图和开关上的标识进行连接，以免出现错误连接，不能实现双控功能。

① 双控开关与5根预留导线的连接如下：

由于双控开关接线盒内预留的导线接线端子长度不够，需使用尖嘴钳分别剥去预留5根导线一定长度的绝缘层，用于连接双控开关的接线柱。

剥线操作完成后，将双控开关接线盒中电源供电的零线（蓝）与照明灯的零线（蓝色）进行连接。由于预留的导线为硬铜线，因此在连接零线时需要借助尖嘴钳进行连接，并使用绝缘胶带对其进行绝缘处理，如图3-70所示。

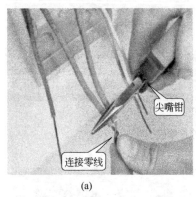
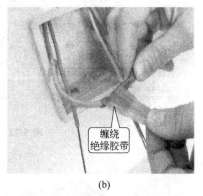

(a) (b)

图3-70　剥线接线

将连接好的零线盘绕在接线盒内，然后进行双控开关的连接。由于与双控开关连接导线的接线端子过长，因此需要将多余的连接线剪断，如图3-71所示。

对双控开关进行连接时，使用合适的螺丝刀将三个接线柱上的固定螺钉分别拧松，以进行线路的连接，如图3-72所示。

将电源供电端相线（红色）的预留端子插入双控开关的接线柱 L 中，插入后选择合适的十字螺丝刀拧紧该接线柱的固定螺钉，固定电源供电端的相线，如图3-73所示。

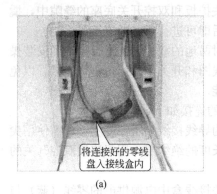

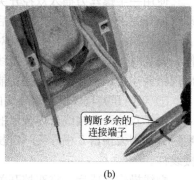

将连接好的零线
盘入接线盒内

剪断多余的
连接端子

(a)

(b)

图 3-71　接线后整理

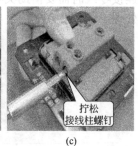

拧松
接线柱螺钉

拧松
接线柱螺钉

拧松
接线柱螺钉

(a)

(b)

(c)

图 3-72　拧松螺钉

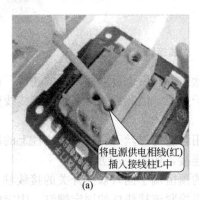

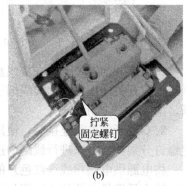

将电源供电相线(红)
插入接线柱L中

拧紧
固定螺钉

(a)

(b)

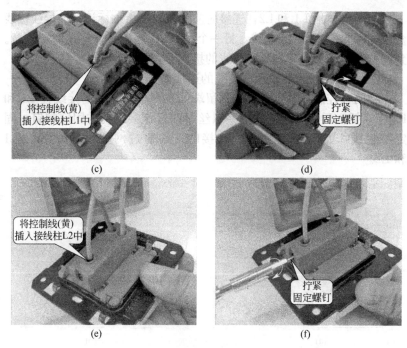

图 3-73　接线

　　将两根控制线（黄色）的预留端子分别插入双控开关的接线柱 L1 和 L2 中，插入后选择合适的十字螺丝刀拧紧该接线柱的固定螺钉，固定控制线，如图 3-74 所示。

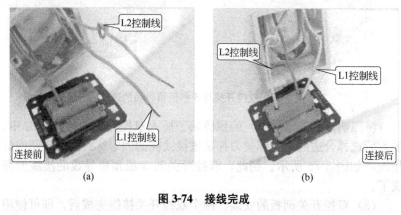

图 3-74　接线完成

控制线包括 L1 和 L2，连接时应注意导线上的标记。该导线接线盒中，网扣的为 L2 控制线，另一个则为 L1 控制线，连接时应注意。到此，双控开关与 5 根预留导线的接线便完成了。

② 双控开关与 3 根预留导线的连接如下：

将两根控制线（黄色）的预留端子分别插入开关的接线柱 L1 和 L2 中，插入后选择合适的十字螺丝刀拧紧该接线柱的固定螺钉，固定控制线，如图 3-75 所示。连接时，需通过网扣辨别控制线 L1 和 L2。

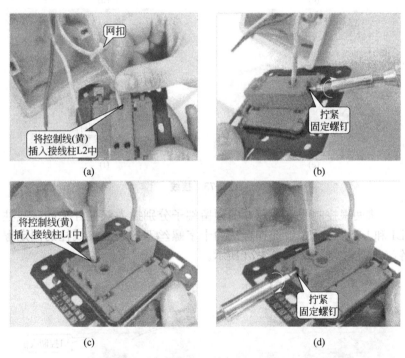

图 3-75　双控开关与 3 根预留导线的连接

将照明灯相线（红色）的预留端子插入双控开关的接线柱 L 中，插入后选择合适的十字螺丝刀拧紧该接线柱的固定螺钉，固定照明灯相线，如图 3-76 所示。到此，双控开关与 3 根预留导线的接线便完成了。

（3）双控开关面板的安装。两个双控开关接线完成后，即可使用

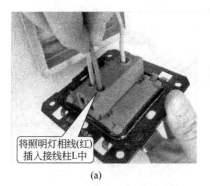

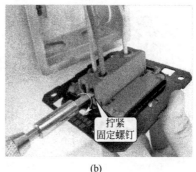

将照明灯相线(红)插入接线柱L中

(a)

拧紧固定螺钉

(b)

图 3-76　连接相线

固定螺钉将双控开关面板固定到双控开关接线盒上，完成双控开关的安装。

　　双控开关接线完成后，将多余的导线盘绕到双控开关接线盒内，并将双控开关面板放置到双控开关接线盒上，使其双控开关面板的固定点与双控开关接线盒两侧的固定点相对应，但发现双控开关的固定孔被双控开关的面板遮盖住，此时，需将双控开关面板取下，如图 3-77 所示。

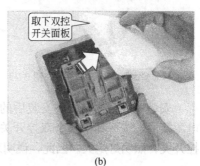

盘绕导线

双控开关接线盒

双控开关面板

取下双控开关面板

(a)

(b)

图 3-77　面板安装

　　如图 3-78 所示，取下双控开关面板后，在双控开关面板与双控开关接线盒的对应固定孔中拧入固定螺钉，固定双控开关，然后再将双控开关面板安装上。

　　将双控开关护板安装到双控开关面板上，使用同样方法将另一个

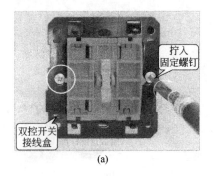

拧入
固定螺钉

双控开关
接线盒

(a)

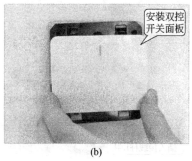

安装双控
开关面板

(b)

图 3-78　固定开关

双控开关面板安装上。至此，双控开关面板的安装便完成了，如图3-79所示。

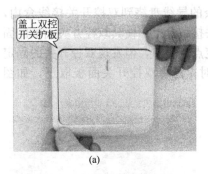

盖上双控
开关护板

(a)

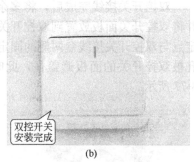

双控开关
安装完成

(b)

图 3-79　安装完成

安装完成后，也要对安装后的双控开关进行检验操作。将室内的电源接通，按下其中一个双控开关，照明灯点亮，然后按下另一个双控开关，照明灯熄灭。因此，说明双控开关安装正确，可以进行使用。

3.6.5　智能开关的安装

智能控制开关是指通过各种方法控制开关的通断，如触摸控制、声控、光控等。智能开关都是通过感应和接收不同的介质实现控制的，根据其自身特点应用于不同的环境中，可代替传统开关，方便用户的使用。

　　例如，触摸延时控制开关是通过接收人体触摸信号来控制电路通断的，适用于安装在楼道、走廊等环境中；声控延时开关接收声音信号激发内部的拾音器进行声电转换，来控制电路的通断，适用于安装在楼道、走廊、车库、地下室等环境中；光控开关通过接收自然光的亮度大小来控制电路的接通与断开，适用于日熄夜亮的环境中，如接到宿舍走廊等，可节约用电。

　　触摸延时开关适用于不需要长时间照明的环境中，如楼道照明，它具有一定的延时功能，可以控制照明灯点亮一定时间后自动关闭，如图 3-80 所示。

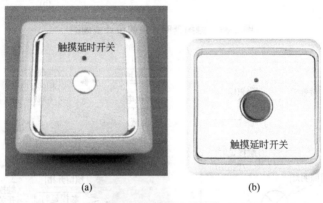

(a)　　　　　　　　　　(b)

图 3-80　触摸延时开关

　　对触摸延时开关安装前，也应根据应用环境且便于用户使用的原则对触摸延时开关的安装位置进行规划，规划后应进行合理的布线，并在开关安装处预留出足够长的导线，用于开关的连接。

　　图 3-81 是触摸延时开关的设计规划图。根据设计要求，采用触摸延时开关控制每个楼层楼道内照明灯的启停工作。触摸延时开关安装在楼梯口处，安装高度与单控开关的要求相同，即距地面的高度应为 1.3m，距门框的距离应为 0.12～0.2m。

　　图 3-82(a) 是触摸延时开关接线示意图。触摸延时开关与照明灯具串接在一起对灯具进行控制，在预留导线中的 4 根导线分别为电源供电端预留的相线（红色）、零线（蓝色）和灯具预留的相线（红色）、零线（蓝色）。

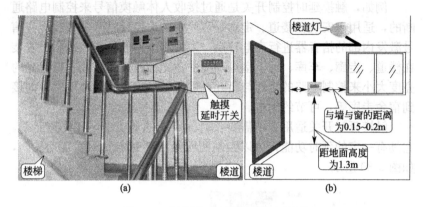

(a)

图 3-81 触摸延时开关的设计规划图

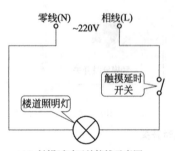

(a) 触摸延时开关接线示意图

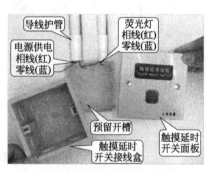

(b) 预留导线端子及选配安装部件

图 3-82 触摸延时开关接线示意图、预留导线端子及选配的安装部件

选配触摸延时开关面板和触摸延时开关接线盒时，触摸延时开关接线盒要与触摸延进开关面板相匹配，且触摸延时开关接线盒应当与墙面中的凹槽相符。在固定触摸延时开关接线盒时，也要在触摸延时开关接线盒上安装与之相匹配的护套，以保护导线，防止穿过触摸延时开关接线盒时，出现磨损现象。

触摸延时开关的安装主要可以分为触摸延时开关接线盒的安装、触摸延时开关的接线、触摸延时开关面板的安装三部分内容。

（1）触摸延时开关接线盒的安装。触摸延时开关接线盒的安装方法同单控开关接线盒的安装方法，在此不再赘述。

（2）触摸延时开关的接线。触摸延时开关的接线操作也是将照明灯具的零线与电源供电的零线相连，其相线分别接在触摸延时开关的两个接线柱中。

检查触摸延时开关接线盒内预留的导线接线端子长度是否符合触摸延时开关的连接要求，若不符合连接要求，则需使用尖嘴钳对预留导线接线端子进行接线操作。

将电源供电端的零线（蓝色）与照明灯一端的零线（蓝色）进行连接。由于预留的导线为硬铜线，连接时需借助尖嘴钳，连接完成后再使用绝缘胶带进行绝缘处理，图 3-83 所示。

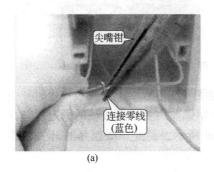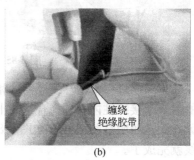

(a)　　　　　　(b)

图 3-83　触摸开关接线

将电源供电端预留的相线（红色）和照明灯预留的相线（红色）连接到触摸延时开关上时应先使用十字螺丝刀分别将触摸延时开关接线柱处的固定螺钉拧松，如图 3-84 所示。

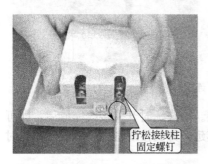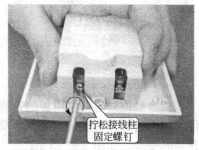

图 3-84　拧松螺钉

将电源供电端的相线（红色）连接端子插入触摸延时开关一端的接线柱中，选择合适的十字螺丝刀将该接线柱的固定螺钉拧紧，固定电源供电端的相线，如图 3-85 所示。

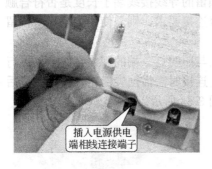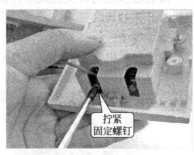

插入电源供电端相线连接端子

拧紧固定螺钉

图 3-85　开关接线

将照明灯一端的导线预留的相线（红色）端子插入触摸延时开关的另一个接线柱内，选择合适的十字螺丝刀将该接线柱的固定螺钉拧紧，固定照明灯相火线，如图 3-86 所示。到此，触摸延时开关的接线就完成了。

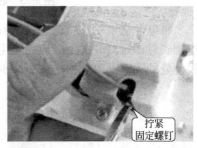

插入照明灯预留相线端子

拧紧固定螺钉

图 3-86　连接灯线

（3）触摸延时开关面板的安装。触摸延时开关接线完成后，即可将其触摸延时开关面板固定在触摸延时开关接线盒上，完成触摸延时开关的安装，如图 3-87 所示。

连接完成后，向外拉伸连接后的导线。确保导线端子连接牢固后，将剩余的导线盘绕在接线盒内。

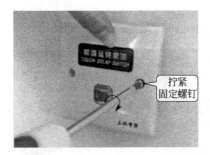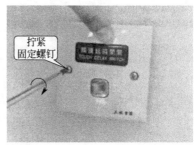

图 3-87 面板安装

日光灯、灯座及声光控开关接线可扫二维码学习。

第4章

水工基础知识

4.1 水工识图

4.1.1 给排水管道施工图分类

4.1.1.1 按专业划分

根据工程项目性质的不同，管道施工图可分为工业（艺）管道施工图和暖卫管道施工图两大类。前者是为生产输送介质即为生产服务的管道，属于工业管道安装工程；后者是为生活或改善劳动卫生条件，满足人体舒适而输送介质的管道，属于建筑安装工程。

暖卫管道工程又可分为建筑给排水管道、供暖管道、消防管道、通风与空调管道以及燃气管道等诸多专业管道。

4.1.1.2 按图形和作用划分

各专业管道施工图按图形和作用不同，均可分为基本图和详图两部分。基本图包括施工图目录、设计施工说明、设备材料表、工艺流程图、平面图、轴测图、剖（立）面图，详图包括节点图、大样图、标准图。

（1）施工图目录。设计人员将各专业施工图按一定的图名、顺序归纳编成施工图目录以便于查阅。通过施工图目录可以了解设计单位、建设单位、拟建工程名称、施工图数量、图号等情况。

（2）设计施工说明。凡是图上无法表示出来，又必须让施工人员了解的安装技术、质量要求、施工做法等，均用文字形式表述，包括设计主要参数、技术数据、施工验收标准等。

（3）设备材料表。设备材料表是指拟建工程所需的主要设备，各类管道、阀门、防腐绝热材料的名称、规格、材质、数量、型号的明细表。

（4）工艺流程图。流程图是对一个生产系统或化工装置的整个工艺变化过程的表示。通过流程图可以了解设备位号、编号、建（构）筑物名称及整个系统的仪表控制点（温度、压力、流量测点）、管道材质、规格、编号，输送介质流向以及主要控制阀门安装的位置、数量等。

（5）平面图。平面图主要用于表示建（构）筑、设备及管线之间的平面位置和布置情况，反映管线的走向、坡度、管径、排列及平面尺寸、管路附件及阀门位置、规格、型号等。

（6）轴测图。轴测图又称系统图，能够在一个图面上同时反映出管线的空间走向和实际位置，帮助读者想象管线的空间布置情况。轴测图是管道施工图的重要图形之一，系统轴测图是以平面图为主视图，进行第一象限45°或60°角投影绘制的斜等轴测图。

（7）立面图和剖面图。立（剖）面图主要反映建筑物和设备、管线在垂直方向的布置和走向、管路编号、管径、标高、坡度和坡向等情况。

（8）节点详图。节点详图主要反映管线某一部分的详细构造及尺寸，是对平面图或其他施工图所无法反映清楚的节点部位的放大。

（9）大样图及标准图。大样图主要表示一组设备配管或一组配件组合安装的详图。其特点是用双线表示，对实物有真实感，并对组体部位的详细尺寸均作标注。

标准图是一种具有通用性质的图样，是国家有关部门或各设计院绘制的具有标准性的图样，主要反映设备、器具、支架、附件的具体安装方位及详细尺寸，可直接应用于施工安装。

4.1.2 给排水管道施工图主要内容及表示方法

4.1.2.1 标题栏

标题栏提供的内容比图样更进一层，其格式没有统一规定。标题栏常见内容如下：

（1）项目。根据该项工程的具体名称而定。

（2）图名。表明本张图的名称和主要内容。

（3）设计号。指设计部门对该项工程的编号，有时也是工程的代号。

（4）图别。表明本图所属的专业和设计阶段。

（5）图号。表明本专业图的编号顺序（一般用阿拉伯数字注写）。

4.1.2.2 比例

管道施工图上的长短与实际相比的关系叫做比例。各类管道施工图常用的比例见表 4-1。

表 4-1　管道施工图常用比例

名称	比例
小区总平面图	1：2000、1：1000、1：500、1：200
总图中管道断面图	横向 1：1000、1：500 纵向 1：200、1：100、1：50
室内管道平面图、剖面图	1：200、1：100、1：50、1：20
管道系统轴测图	1：200、1：100、1：50 或不按比例
程图或原理图	无比例

4.1.2.3 标高的表示

标高是标注管道或建筑物高度的一种尺寸形式。标高符号的形式如图 4-1 所示。标高符号用细实线绘制，三角形的尖端画在标高引出线上，表示标高位置；尖端的指向可向下，也可向上。剖面图中的管道标高按图 4-2 标注。

标高值以 m 为单位，在一般图中宜注写到小数点后三位，在总平面图及相应的小区管道施工图中可注写到小数点后两位。各种管道在起讫点、转角点、连接点、变坡点、交叉点等处需要标注管道的标

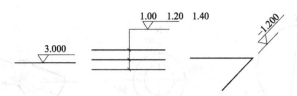

图 4-1　平面图与系统图中管道标高的标注

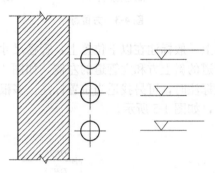

图 4-2　剖面图中标高的标注

高，地沟宜标注沟底标高，压力管道宜标注管中心标高，室内外重力管道宜标注管内底标高，必要时室内架空重力管道可标注管中心标高（图中应加以说明）。

4.1.2.4　方位标的表示

确定管道安装方位基准的图标，称为方位标。管道底层平面上一般用指北针表示建筑物或管线的方位；建筑总平面图或室外总体管道布置图上还可用风向频率玫瑰图表示方向，如图 4-3 所示。

4.1.2.5　管径的表示

施工图上管道管径尺寸以 mm 为单位，标注时通常只注写代号与数字，而不注明单位。低压流体输送用镀锌焊接钢管、不镀锌焊接钢管、铸铁管、聚氯乙烯管、聚丙烯管等，管径应以公称直径 DN 表示，如 $DN15$；无缝钢管、直缝或螺旋缝焊接钢管、有色金属管、不锈钢管等，管径应以外径×壁厚表示，如 $D108×4$；耐酸瓷管、混凝土管、钢筋混凝土管、陶土管（缸瓦管）等，管径应以内径 d 表示，如 $d230$。

(a) 指北针　　　　(b) 坐标方位图　　　　(c) 风向频率玫瑰图

图 4-3　方位标

管径在图样上一般标注在以下位置上：管径尺寸变径处、水平管道的上方、斜管道的斜上方和立管道的左侧，如图 4-4 所示。当管径尺寸无法按上述标注时，可另找适当位置标注。多根管线的管径尺寸可用引出线标注，如图 4-5 所示。

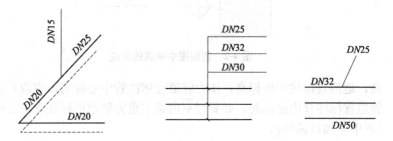

图 4-4　管径尺寸标注位置　　　　图 4-5　多根管线管径尺寸标注

4.1.2.6　坡度、坡向的表示

管道的坡度及坡向表示管道倾斜的程度和高低方向，坡度用字母"i"表示，在其后加上等号并注写坡度值；坡向用单面箭头表示，箭头指向低的一端。常用的表示方法如图 4-6 所示。

图 4-6　坡度及坡向表示

4.1.2.7　管线的表示

管线的表示方法很多，可在管线进入建筑物入口处进行编号。管道立管较多时，可进行立管编号，并在管道上标注出介质代号、工艺参数及安装数据等。

图 4-7 是管道系统入口或出口编号的两种形式，其中图 4-7(a) 主要用于室内给水系统入口和室内排水系统出口的系统编号，图 4-7(b) 则用于采暖系统入口或动力管道系统入口的系统编号。

立管编号时，通常在 8~10mm 直径的圆圈内注明立管性质及编号。

图 4-7　管道系统编号

4.1.2.8　管道连接的表示

管道连接有法兰连接、承插连接、螺纹连接和焊接连接，它们的连接符号见表 4-2。

表 4-2　管道连接图例

名称	图例	名称	图例
法兰连接	——‖—	四通连接	—+—
承插连接	——⟩—	盲板	—|—
活接头	——‖|—	管道丁字上接	—○—
管堵	⊏——	管道丁字下接	—○—
法兰堵盖	‖—	管道交叉	——
弯折管	○（管道向后及向下弯转 90°）	螺纹连接	—|—
三通连接	—|—	焊接	╱●

4.1.3 建筑给排水管道施工图

建筑给排水管道施工图主要包括平面图、系统图和详图三部分。

4.1.3.1 平面图的主要内容

建筑给排水管道平面布置图是施工图中最重要和最基本的图样，其比例有1：50和1：100两种。平面图主要表明室内给水排水管道、卫生器具和用水设备的平面布置。解读时应掌握的主要内容和注意事项有以下几点：

（1）查明卫生器具、用水设备（如开水炉、水加热器）和升压设备（如水泵、水箱）的类型、数量、安装位置、定位尺寸。

（2）弄清给水引入管和污水排出管的平面位置、走向、定位尺寸与室外给排水管网的连接方式、管径及坡度。

（3）查明给排水干管、主管、支管的平面位置与走向、管径尺寸及立管编号。

（4）对于消防给水管道应查明消火栓的布置、口径大小及消火栓箱形式与设置。对于自动喷水灭火系统，还应查明喷头的类型、数量以及报警阀组等消防部件的平面位置、数量、规格、型号。

（5）应查明水表的型号、安装位置及水表前后阀门设置情况。

（6）对于室内排水管道，应查明设备的布置情况，同时对弯头、三通应考虑是否带检修门。对于大型厂房的室内排水管道，应注意是否设有室内检查井以及检查井的进出管与室外管道的连接方式。对于雨水管道，应查明雨水斗的布置、数量、规格、型号，并结合详图查清雨水管与屋面天沟的连接方式及施工做法。

4.1.3.2 系统图的主要内容

给排水管道系统图是分系统绘制成正面斜等轴测图的，主要表明管道系统的空间走向。解读时应掌握的主要内容和注意事项如下：

（1）查明给水管道系统的具体走向、干管敷设形式、管径尺寸、阀门设置以及管道标高。解读给水系统图时，应按引入管、干管、立管、支管及用水设备的顺序进行。

（2）查明排水管道系统的具体走向、管路分支情况、管径尺寸、横管坡度、管道标高、存水弯形式、清通设备型号、弯头和三通的选用是否符合规范要求。解读排水管道系统图时，应按卫生器具或排水设备的存水弯、器具排水管、排水横管、立管、排出管的顺序进行。

4.1.3.3　详图的主要内容

室内给排水管道详图主要包括管道节点、水表、消火栓、水加热器、开水炉、卫生器具、穿墙套管、排水设备、管道支架等，图上均注有详细尺寸，可供安装时直接使用。

【实例 1】　图 4-8～图 4-10 所示为某三层办公楼的给排水管道平面图和系统图，试对这套施工图进行解读。

通过解读平面图，可知该办公楼底层设有淋浴间，二层和三层设有卫生间。淋浴间内设有四组淋浴器、一个洗脸盆、一个地漏。二层卫生间内设有三套高水箱蹲式大便器、两套小便器、一个洗脸盆、两个地漏。三层卫生间布置与二层相同。每层楼梯间均设有消火栓箱。

给水引入管的位置处于 7 号轴线东 615mm 处，由南向北进入室内并分两路，一路由西向东进入淋浴间，立管编号为 JL1；另一路进入室内后向北至消防栓箱，消防立管编号为 JL2。

JL1 位于 A 轴线和 8 号轴线的墙角处，该立管在底层分两路供水，一路由南向北沿 8 号轴线沿墙敷设，管径为 $DN32$，标高为 0.900m，经过四组淋浴器进入储水罐；另一路沿 A 轴线沿墙敷设，送至洗脸盆，标高为 0.350m，管径为 $DN15$。管道在二层也分两路供水，一路为洗涤盆供水，标高为 4.6m，管径为 $DN20$。又登高至标高为 5.800m，管径为 $DN20$，为蹲式大便器高水箱供水，再返低至 3.950m，管径为 $DN15$，为洗脸盆供水。另一路由西向东，标高为 4.300m，登高至 4.800m 转向北，为小便器供水。

JL2 设在 B 轴线和 7 号轴线的楼梯间，在标高 1.000m 处设闸阀，消火栓编号为 H1、H2、H3，分别设在 1～3 层距地面 1.2m 处。

在排水系统图中，一路是地漏、洗脸盆、蹲式大便器及洗涤盆组成的排水横管，在排水横管上设有清扫口。清扫口之前的管径为 $DN50$，之后的管径为 $DN100$。另一路是由两个小便器、地漏组成的排水横管。地漏之前的管径为 $DN50$，之后的管径为 $DN100$。两路横管坡度均为 0.02。底层是由洗脸盆、地漏组成的排水横管，为埋地敷设，地漏之前的管径为 $DN50$，之后的管径为 $DN100$，坡度为 0.020。

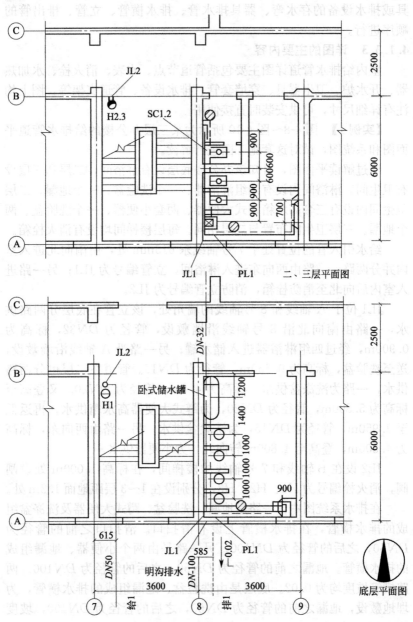

图4-8 管道平面图

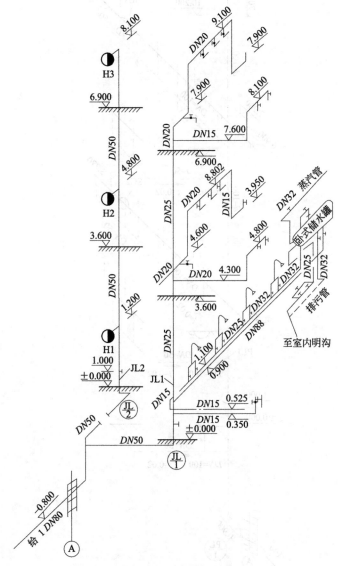

图 4-9　给水管道系统图

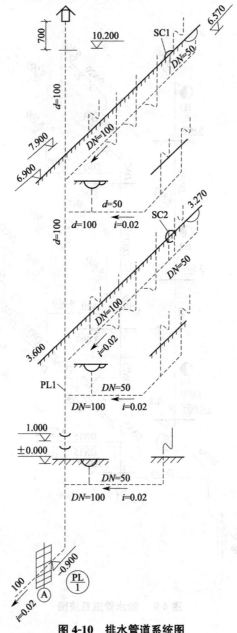

图 4-10　排水管道系统图

排水立管及通气管管径为 $DN100$，立管在底层和三层分别距地面 1.00m 处设检查口，通气管伸出屋外 0.7m。排出管管径为 $DN100$，穿墙处标高为 $-0.900m$，坡度为 0.02。

4.1.4 室外给排水系统施工图

4.1.4.1 解读方法

（1）平面图解读。室外给排水管道平面图主要表示一个小区或楼房等给排水管道布置情况，解读时应注意下列注意事项：

① 查明管路平面布置与走向。通常给水管道用粗实线表示，排水管道用粗虚线表示，检查井用直径 2～3mm 的小圆表示。给水管道的走向是从大管径到小管径，通向建筑物；排水管的走向是从建筑物出来到检查井，各检查井之间从高标高到低标高，管径从小到大。

② 查明消火栓、水表井、阀门井的具体位置。当管路上有泵站、水池、水塔及其他构筑物时，要查明这些构筑物的位置、管道进出的方向以及各构筑物上管道、阀门及附件的设置情况。

③ 了解排水管道的埋深及管长。管道通常标注绝对标高，解读时要搞清楚地面的自然标高，以便计算管道的埋设深度。室外给排水管道的标高通常是按管底来标注的。

④ 特别要注意检查井的位置和检查井进出管的标高。当设有标高的标注时，可用坡度计算出管道的相对标高。当排水管道有局部污水处理构筑物时，还要查明这些构筑物的位置和进出接管的管径、距离、坡度等，必要时应查看有关详图，进一步搞清构筑物构造及构筑物上的配管情况。

（2）纵断面图解读。由于地下管道种类繁多，布置复杂，为了更好地表示给排水管道的纵断面布置情况，有些工程还绘制管道纵断面图。解读时应注意下列注意事项：

① 查明管道、检查井的纵断面情况。有关数据均列在图样下面的表格中，一般列有检查井编号及距离、管道埋深、管底标高、地面标高、管道坡度和管道直径等。

② 由于管道长度方向比直径方向大得多，纵断面图绘制时纵横向采用不同的比例。

③ 识图方法：管道纵断面图分为上下两部分，上部分的左侧为标高塔尺（靠近该塔尺的左侧注上相应的绝对标高），其右侧为管道断面图形；下部分为数据表格。

读图时，首先解读平面图，然后按平面图解读断面图。读断面图时，首先看是哪种管道的纵断面图；然后看该管道纵断面图形中有哪些节点；并在相应的平面图中找该管道及其相应的各节点；最后在该管道纵断面图的数据表格内，查找其管道纵断面图形中各节点的有关数据。

4.1.4.2 室外给排水管道施工图解读举例

【实例2】 某大楼室外给排水管道平面图和纵断面图如图 4-11 和图 4-12 所示。

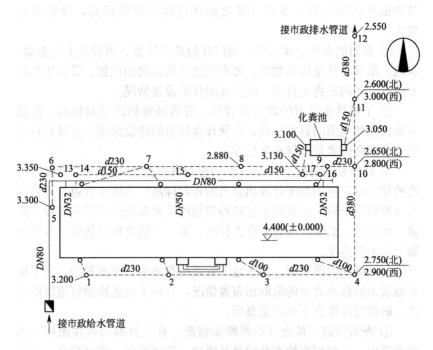

图 4-11 某大楼室外给排水管道平面图

室外给水管道布置在大楼北面，距外墙约 2m（用比例尺量），平行于外墙埋地敷设，管径为 DN80，由 3 处进入大楼，管径为

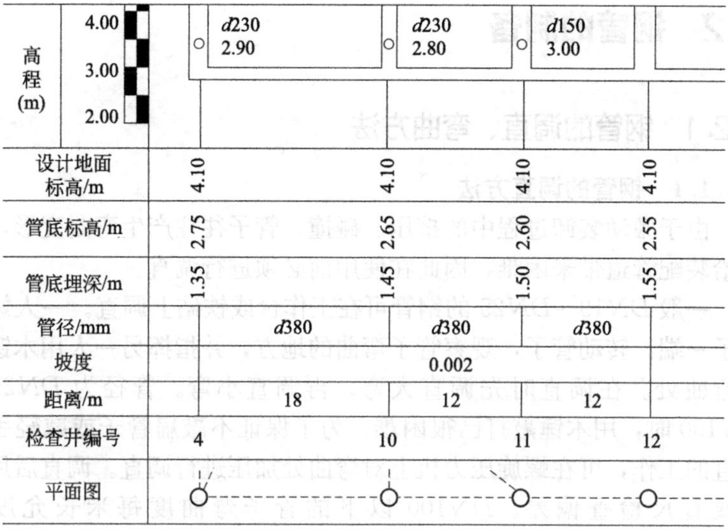

高程 (m)	4.00 3.00 2.00	d230 2.90	d230 2.80	d150 3.00	
设计地面 标高/m		4.10	4.10	4.10	4.10
管底标高/m		2.75	2.65	2.60	2.55
管底埋深/m		1.35	1.45	1.50	1.55
管径/mm		d380	d380	d380	
坡度			0.002		
距离/m		18	12	12	
检查井编号		4	10	11	12
平面图		○	○	○	○

图 4-12　某大楼室外排水管道纵断面图

$DN32$、$DN50$、$DN32$。室外给水管道在大楼西北角转弯向南，接水表后与市政给水管道连接。

室外排水系统有污水系统和雨水系统，污水系统经化粪池后与雨水管道汇总排至市政排水管道。污水管道由大楼 3 处排出，排水管管径、埋深见室内排水管道施工图。污水管道平行于大楼北外墙敷，管径为 $d150$，管路上设有 5 个检查井（编号为 13、14、15、16、17）。大楼污水汇集到 17 号检查井后排入化粪池，化粪池的出水管接至 11 号检查井后与雨水管汇合。

室外雨水管收集大楼屋面雨水，大楼南面设 4 根雨水立管、4 个检查井（编号为 1、2、3、4），北面设有 4 个立管、4 个检查井（编号为 6、7、8、9），大楼西北设一个检查井（编号为 5）。南北两条雨水管管径均为 $d230$，雨水总管自 4 号检查井至 11 号检查井，管径为 $d380$，污水雨水汇合后管径仍为 $d380$。雨水管起点检查井管底标高：1 号检查井为 3.200m，5 号检查井为 3.300m，总管出口 12 号检查井管底标高为 2.550m。其余各检查井管底标高见平面图或纵断面图。

4.2 钢管的制备

4.2.1 钢管的调直、弯曲方法

4.2.1.1 钢管的调直方法

由于搬动装卸过程中的挤压、碰撞，管子往往产生弯曲变形，这就给装配管道带来困难，因此在使用前必须进行调直。

一般 $DN19 \sim DN25$ 的钢管可在工作台或铁砧上调直。一人站在管子一端，转动管子，观察管子弯曲的地方，并指挥另一人用木锤敲打弯曲处。在调直时先调直大弯，再调直小弯。管径为 $DN29 \sim DN100$ 时，用木锤敲打已很困难，为了保证不敲扁管子或减轻手工调直的工作，可在螺旋压力机上对弯曲处加压进行调直。调直后用拉线或直尺检查偏差。$DN100$ 以下的管子弯曲度每米长允度偏差 0.5mm。

当管径为 $DN100 \sim DN200$ 时，要经加热后方可调直。做法是将弯曲处加热至 $600 \sim 800℃$（呈樱红色），抬到调直架上加压，调直过程中不断滚动管子并浇水。管子调直后允许 1m 长偏差 1mm。

4.2.1.2 钢管的弯曲方法

施工中常需要将钢管弯曲成某一角度、不同形状的弯管。弯管有冷弯和热弯两种方法。

（1）冷弯。在常温下弯管叫做冷弯。冷弯时管中不需要灌沙。钢材质量也不受加温影响，但冷弯费力，弯 $DN25$ 以下的管子要用弯管机。弯管机形式较多，一般为液压式，由顶杆、胎模、挡轮、手柄等组成。胎模是根据管径和弯曲半径制成的。使用时将管子放入两个挡轮与模之间，用手摇动油柄注油加压，顶杆逐渐伸出，通过模将管子顶弯。该弯管机可应用于 $DN50$ 以下的管子。在安装现场还常采用手工弯管台，如图 4-13 所示。其主要部件是两个轮子，轮子由铸铁毛坯经车削而成，边缘处都有向里凹进的半圆槽，半圆槽直径等于被弯管的外径。大轮固定在管台上，其半径为弯头的弯曲半径。弯制时，将管子用压力钳固定，推动推架，小轮在推架中转动，于是管子就逐渐弯向大轮。靠铁是为防止该处管子变形而设置的。

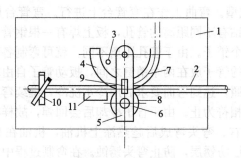

图 4-13 手工弯管台

1—管台；2—被弯管子；3—销子；4—大轮；5—推架；
6—小轮；7—刻度（指示弯曲角度）；8—小分界线销子；9—观察孔；
10—压力钳；11—靠铁

(2) 热弯的工序。

① 充沙。管子一端用木塞塞紧，把粒径 1～5mm 的洁净河沙加热、炒干、灌入管中。弯管最大时应搭设灌沙台，将管竖直排在台前，以便从上向内灌沙。每充一段沙，要用手锤在管壁上敲击振实，填满后以敲击管壁沙面不再下降为合格，然后用木塞塞紧。

② 画线。根据弯曲半径 R 算出应加热的弧长 L，即

$$L = \frac{2\pi R}{360}\alpha$$

式中，α 为弯曲角度。在确定弯曲点后，以该点为中心两边各取 $L/2$ 长，用粉笔画线，这部分就是加热段。

③ 加热。加热在地炉上进行，用焦炭或木炭作燃料，不能用煤（因为煤中含硫，对管材起腐蚀作用，而且用煤加热会引起局部过热）。为了节约焦炭，可用废铁皮盖在火炉上以减少损失。加热时要不时转动管子使加热段温度一致。加热到 950～1000℃时，管面氧化层开始脱落，表明管中沙子已热透，即可弯管。弯管的加热长度一般为弯曲长度的 1.1～1.2 倍，弯曲操作的温度区间为 750～1050℃，低于 750℃时不得再进行弯曲。

管壁温度可由管壁颜色确定：微红色约为 550℃，樱红色约为 700℃，浅红色约为 800℃，深橙色约为 900℃，橙黄色约为 1000℃，浅黄色约为 1100℃。

④ 弯曲成型。弯曲工作在弯管台上进行。弯管台用一块厚钢板做成，钢板上钻有不同距离的管孔，板上焊有一根钢管作为定销，管孔内插入另一个销子。由于管孔距离不同，就可弯制各种弯曲半径的弯头。把烧热的管子放在两个销钉之间，扳动管子自由端，一边弯曲一边用样板对照，达到弯曲要求后用冷水浇冷，继续弯其余部分，直到与样板完全相符为止。由于管子冷却后会回弹，故样板要较预定弯曲度多弯 3°左右。弯头弯成后趁热涂上机油，机油在高温弯头表面上沸腾而成一层防锈层，防止弯头锈蚀。在弯制过程中如出现过大椭圆度、鼓包、皱折时，应立即停止成型操作，趁热用于锤修复。

成型冷却后，要清除内部沙粒，尤其注意要把黏结在管壁上的沙粒除净，确保管道内部清洁。

目前在制作各种弯头时，大多采用机械热煨弯技术，加热采用氧-乙炔火焰或中频感应电热，制作规范。

热弯成型不能用于镀锌钢管，镀锌钢管的镀层遇热转变成白色氧化锌并脱落掉。

(3) 几种常用弯管制作。

① 乙字弯的制作。乙字弯又称回管、灯叉管，如图 4-14 所示。它由两个小于 90°的弯管和中间一段直管 L 组成，两平行直管的中心距为 H，弯管弯曲半径为 R，弯曲角度为 α，一般为 30°、45°、60°。

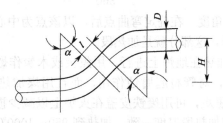

图 4-14 乙字弯

可按自身条件求出 $l=\dfrac{H}{\sin\alpha}=2R\tan\dfrac{\alpha}{2}$

当 $\alpha=45°$、$R=4D$ 时，可化简求出 $l=1.414H-3.312D$，每个弯管画线长度为 $0.785R=3.14D\approx3D$，两个弯管加 l 长即为乙字弯的划线长 L。

$$L=2\times3D+1.414H-3.312D=2.7D+1.414H$$

乙字弯在用作室内采暖系统散热器进出口与立管的连接管时，管径为 $DN19\sim DN20$，在工地可用手工冷弯制作。制作时先弯曲一个角度，再由 H 定位第二个角度弯曲点，因为保证两平行管间距离 H 的准确是保证系统安装平、直的关键尺寸，这样做可以避免角度弯曲不准、l 定位不准而造成 H 不准。弯制后，乙字弯管整体要与平面贴合，没有翘起现象。

② 半圆弯的制作。半圆弯一般由三个弯曲半径相同的两个 60° （或 45°）弯管及一个 120°弯管组成，如图 4-15 所示。其展开长度 L （mm）为

$$L=\frac{3}{4}\pi R$$

制作时，先弯曲两侧的弯管，再用胎管压制中间的 120°弯。半圆弯管用于两管交叉在同一平面上，一个管采用半圆弯管绕过另一管。

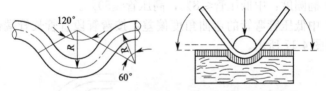

图 4-15 半圆弯管的组成与制作

③ 圆形弯管的制作。用作安装压力表的圆形弯管如图 4-15 所示。其画线长度为

$$L=2\pi R+\frac{3}{2}\pi R+\frac{1}{3}\pi+2l$$

式中，第一项为一个圆弧长，第二项为一个 120°弧长，第三项为两边立管弯曲时 60°总弧长，l 为立管弯曲段以外直管长度，一般取100mm。如图 4-16 所示，R 取 60mm，r 取 33mm，则画线长度为737.2mm。

煨制此管用无缝钢管，选择稍小于圆环内圆的钢管做胎具（如选择 ϕ100mm 管），用氧-乙炔火焰烘烤，先煨环弯至两侧管子夹角为60°状态时浇水冷却后，再煨两侧立管弧管，逐个完成，使两立管在

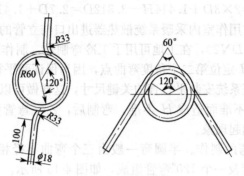

图 4-16　圆形弯管

同一中心线上。

（4）制作弯管的质量标准及产生缺陷原因。

① 无裂纹、分层、过烧等缺陷。外圆弧应均匀，不扭曲。

② 壁厚减薄率：中低压管≤15%，高压管≤10%，且不小于设计壁厚。

③ 椭圆度：中低压管≤8%，高压管≤50%。

④ 中低压管弯管的弯曲角度偏差：按弯管段直管长管端偏差 Δ 计，如图 4-17 所示。

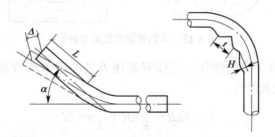

图 4-17　弯曲角度管端轴线偏差及弯曲波浪度

机械弯管：$\Delta \leq \pm 3mm/m$；当直管长度 $L > 3m$ 时，$\Delta \leq \pm 10mm$。

地炉弯管：$\Delta \leq \pm 5mm/m$；当直管长度 $L > 3m$ 时，$\Delta \leq \pm 15mm$。

⑤ 中低压管弯管内侧皱折波浪时，波距 $t \leq 4H$，波浪高度 H 允许值依管径而定。当外径≤108mm 时，$H \leq 4mm$；当外径为 133~219mm 时，$H \leq 5mm$；当外径为 273~324mm 时，$H \leq 7mm$；当外

径＞377mm 时，$H\leqslant8mm$。

弯管产生缺陷的原因见表 4-3。

表 4-3　弯管产生缺陷的原因

缺陷	产生缺陷的原因
折皱	①加热不均匀,浇水不当,使弯曲管段内侧温度过高 ②弯曲时施力角度与钢管不垂直 ③施力不均匀,有冲击现象 ④管壁过薄 ⑤充沙不实,有空隙
椭圆度过大	①弯曲半径小 ②充沙不实
管壁减薄太多	①弯曲半径小 ②加热不均匀,浇水不当,使内侧温度太低
裂纹	①钢管材质不合格 ②加热燃料中含硫过多 ③浇水冷却太快,气温过低
离层	钢管材质不合适
弯曲角度偏差	①样板画线有误,热弯时样板弯曲度应多弯 3°左右 ②弯曲作业时,定位销活动

4.2.2　钢管的切断

在管路安装前，需要根据安装要求的长度和形状将管子切断。钢管切断常用的方法有锯割、刀割、磨割、气割、凿切、等离子切割等。施工时可根据现场条件和管子材质及规格，选用合适的切断方法。

4.2.2.1　钢管切断

钢管切断可用钢割、刀割、气割等方法。

（1）锯割。锯割是常用的一种切断钢管的方法，可采用手工锯割和机械锯割。

手工切断即用手锯切断钢管。在切断管子时，应预先画好线。画线的方法是用整齐的厚纸板或油毡缠绕管子一周，然后用石笔沿样板纸边画一圈即可。切割时，锯条应保持与管子轴线垂直，用力要均匀，锯条向前推动时加适当压力，往回拉时不宜加力。锯条往复运动应尽量拉开距离，不要只用中间一段锯齿。锯口要锯到管子底部，不可把剩余的部分折断，以防止管壁变形。

为满足切割不同厚度金属材料的需要，手锯的锯条有不同的锯齿。在使用细齿锯条时，因齿距小，只有几个锯齿同时与管壁的断面接触，锯齿吃力小，而不至于卡掉锯齿且较为省力，但这种齿距切断速度慢，一般只适用于切断直径 40mm 以下的管材。使用粗齿锯条切管子时，锯齿与管壁断面接触的齿数少，锯齿吃力大，容易卡掉锯齿且较费力，但这种齿距切断速度快，适用于切断直径 19～50mm 的钢管。机械锯割管子时，将管子固定在锯床上，用锯条对准切断线锯割。用于切割成批量且直径大的各种金属管和非金属管。

（2）切割。切割是指用管子割刀（见图 4-18）切断管子。一般用于切割 DN100 以下的薄壁管，不适用于铸铁管和铝管。管子割刀切割具有操作简便、速度快、切口断面平整的优点，所以在施工中普遍使用。使用管子割刀切割管子时，应将割刀的刀片对准切割线平稳切割，不得偏斜，每次进刀量不可过大，以免管口受挤压使得管径变小，并应对切口处加油。管子切断后，应用铰刀铰去管口缩小部分。

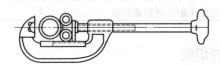

图 4-18 管子割刀

操作方法步骤如下：

① 在被切割的管子上画上切割线，放在龙门压力钳上夹紧。

② 将管子放在割刀滚轮和刀片之间，刀刃对准管子上的切割线，旋支螺杆手柄夹紧管子，并扳动螺杆手柄绕管子转动，边转动边拧紧，滚刀即逐步切入管壁，直到切断为止。

③ 管子割刀切割管子会造成管径不同程度的缩小，需用铰刀插入管口，刮去管口收缩部分。

（3）磨割。磨割是指用砂轮切割机（无齿锯）上的砂轮片切割管子。它可用于切割碳钢管、合金钢管和不锈钢管。这种砂轮切割机效率高，并且切断的管子端面光滑，只有少许飞边，用砂轮轻磨或用锉刀锉一下即可除去。这种切割机可以切直口，也可以切斜口，还可以用来切断各种型钢。在切割时，要注意用力均匀和控制好方向，不可用力过猛，以防止将砂轮片折断飞出伤人，更不可用飞转的砂轮磨制钻头、刀片、钢筋头等。

（4）气割。气割又称氧乙炔切割，主要用于大直径碳钢管及复杂切口的切割。它是利用氧气和乙炔燃烧时所产生的热能，使被切割的金属在高温下熔化，产生氧化铁熔渣，然后用高压气流将熔渣吹离金属，此时管子即被切断。操作时应注意以下问题：

① 割嘴应保持垂直于管子表面，待割透后将割嘴逐渐前倾，倾斜到与割点的切线呈 70°～80°角。

② 气割固定管时，一般从管子下部开始。

③ 气割时，应根据管子壁厚选择割嘴和调整氧气、乙炔压力。

④ 在管道安装过程中，常用气割方法切断管径较大的管子。用气割切断钢管效率高，切口也比较整齐，但切口表面将附着一层氧化薄膜，需要焊接前除去。

4.2.2.2　铸铁管切断

铸铁管硬而脆，切断方法与钢管有所不同。目前，通常采用凿切，有时也采用锯割和磨割。

凿切所用的工具是扁凿和锤子。凿切时，在管子的切断线下部两侧垫上厚木板，用扁凿沿切断线凿 1～2 圈，凿出线沟，然后用锤子沿线沟用力敲打，同时不断转动管子，连续敲打直到管子折断为止，如图 4-19 所示。切断小直径的铸铁管时，使用扁凿和手锤由一人操作即可；切断大直径的铸铁管时，需由两个人操作，一人打锤，一人掌握扁凿，必要时还需有人帮助转动管子。操作人员应戴好防护眼镜，以免铁屑飞溅伤及眼睛。

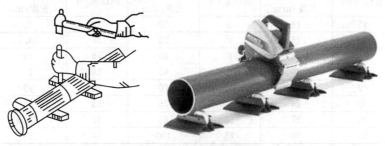

图 4-19　切管示意图

4.2.3 钢管套丝

钢管套丝（套丝又称套螺纹）是指对钢管末端进行外螺纹加工。加工方法有手工套丝和机械套丝两种。

4.2.3.1 手工套丝

手工套丝是指加工的管子固定在管台虎钳上，需套丝的一端管段应伸出钳口外 150mm 左右。把铰板装置放到底，并把活动标盘对准固定标盘与管子相应的刻度上。上紧标盘固定把，随后将后套推入管子至与管牙齐平，关紧后套（不要太紧，能使铰板转动为宜）。人站在管端前方，一手扶住机身向前推进，另一手沿顺时针方向转动铰板把手。当板牙进入管子两扣时，在切削端加上机油润滑并冷却板牙，然后可站在右侧继续用力转动铰板把手，使板牙徐徐而进。

为使螺纹连接紧密，螺纹加工成锥形。螺纹的锥度是利用套丝过程中逐渐松开板牙的松紧螺钉来达到的。当螺纹加工达到规定长度时，一边旋转套丝，一边松开松紧螺钉。$DN50\sim DN100$ 的管子可由 $2\sim4$ 人操作。

为了操作省力及防止板牙过度磨损，不同管应有不同的套丝次数：$DN32$ 以下者最好两次完成套丝；$DN32$、$DN50$ 者可分两次到三次完成套丝；$DN50$ 以上者必须至少套丝三次，严禁一次完成套丝。套丝时，第一次或第二次铰板的活动标盘对准固定标盘刻度时，要略大于相应的刻度。螺纹加工长度可按表 4-4 确定。

表 4-4　螺纹加工长度

管径/mm	短螺纹长度/mm	螺纹数/牙	长螺纹长度/mm	螺纹数/牙	连接阀门螺纹长度/mm
15	14	8	50	28	12
20	16	9	55	30	13.5
25	18	8	60	26	15
32	20	9	65	28	17
40	22	00	70	30	19
50	24	11	75	33	21
70	27	12	85	37	23.5
80	30	13	100	44	26

在实际安装中，当支管要求有坡度时，遇到管件螺纹不端正，则

要求有相应的偏扣，俗称"歪牙"。歪牙的最大偏离度不能超过 15°。歪牙的操作方法是将铰板套进管子一、二扣后，把后卡爪板根据所需略为松开，使螺纹向一侧倾斜，这样套成的螺纹即成"歪牙"。

4.2.3.2 机械套丝

机械套丝是使用套丝机给管子进行套丝。套丝前，应首先进行空负荷试车，确认运行正常可靠后方可进行套丝工作。

套丝时，先支上腿或放在工作台上，取下底盘里的铁屑筛的盖子，灌入润滑油，再把电插头插入，注意电压必须相符。推上开关，可以看到油在流淌。

套管端小螺纹时，先在套丝板上装好板牙，再把套丝架拉开，插进管子使管子前后抱紧。在管子挑出一头，用台虎钳予以支撑。放下板牙架，把出油管放下，润滑油就从油管内喷出来。把油管调在适当的位置，合上开关，扳动进给把手，使板牙对准管子头，稍加一点压力，于是套丝操作开始了。板牙对上管子后很快就套出一个标准丝扣。

套丝机一般以低速工作，如有变速箱，要根据套出螺纹的质量情况选择一定速度，不得逐级加速，以防"爆牙"或管端变形。套丝时，严禁用锤击的方法旋紧或放松背面挡脚、进刀手把和活动标盘。长管套丝时，管后端一定要垫平；螺纹套成后，先将进刀手把和管子夹头松开，再将管子缓缓地退出，防止碰伤螺纹。套丝的次数：DN25mm 以上要分两次进行，切不可一次套成，以免损坏板牙或产生"硌牙"。在套丝过程中要经常加机油润滑和冷却。

管子螺纹应规整，如有断丝或缺丝，不得大于螺纹全扣数的 10%。

4.3 塑料管的制备

塑料管包括聚乙烯管、聚丙烯管、聚氯乙烯管等。这些管材质软，在 200℃左右即产生塑性变形或能熔化，因此加工十分方便。

4.3.1 塑料管的切割与弯曲

使用细齿手锯或木工圆锯进行切割，切割口的平面度偏差为：

$DN<50mm$，为 0.5mm；$DN50\sim160mm$，为 1mm；$DN>160mm$，为 2mm。管端用锉刀锉出倒角，距管口 50～100mm 处端不得有毛刺、污垢、凸疤，以便进行管口加工及连接作业。

公称直径 $DN\leqslant200mm$ 的弯管，有成品弯头供应，一般为弯曲半径很小的急弯弯头。需要制作时可采用热弯，弯曲半径 $R=(3.9\sim4)DN$。

塑料管热弯工艺与弯钢管的不同：

(1) 不论管径大小，一律填细沙。

(2) 加热温度为 130～150℃，在蒸汽加热箱或电加热箱内进行。

(3) 用木材制作弯管模具时，木块的高度稍高于管子半径。管子加热至要求温度迅速从加热箱内取出，放入弯管模具内，因管材已成塑性，所以用力很小，再用浇冷水方法使其冷却定型，然后取出沙子，并继续进行水冷。管子冷却后要有 1°～2°的回弹，因此制作模具时把弯曲角度加大 1°～2°。

4.3.2 塑料管的连接

塑料管的连接方法可根据管材、工作条件、管道敷设条件而定。壁厚大于 4mm、$DN\geqslant50mm$ 的塑料管均可采用对口接触焊；壁厚小于 4mm、$DN\leqslant150mm$ 的承压管可采用套管或承口连接；非承压的管子可采用承口粘接、加橡胶圈的承口连接；与阀件、金属部件或管道相连接，且压力低于 2MPa 时，可采用卷边法兰连接或平焊法兰连接。

4.3.2.1 对口焊接

塑料管的对口焊接有对口接触焊和热空气焊两种方法。对口接触焊是塑料管放在焊接设备的夹具上夹牢，清除管端氧化层，将两根管子对正，管端间隙在 0.7mm 以下，电加热盘正套在接口处加热，使塑料管外表面 1～2mm 熔化，并用 0.9～0.25MPa 的压力加压使熔融表面连接成一体。

热空气加热至 200～250℃，可以调整焊枪内电热丝电压以控制温度。压缩空气保持压力为 0.09～0.1MPa。焊接时将管端对正，用塑料条对准焊缝，焊枪加热将管件和焊枪条熔融并连接在一起。

4.3.2.2 承接口连接

承插口连接的方法是先进行试插，检查承插口长度及间隙（长度以管子公称直径的 1～1.5 倍为宜，间隙应不大于 0.3mm）；然后用酒精将承口内壁、插管外壁擦洗干净，并均匀涂上一层胶黏剂，即时插入，保持剂压 2～3min，擦净接口外挤出的胶黏剂，固化后在接口外端可再行焊接，以增加接口强度。胶黏剂可采用过氯乙烯树脂与二氯乙烷（或丙酮）质量比 1∶4 的调和物（该调和物称为过氯乙烯胶黏剂），也可采用市场上供应的多种胶黏剂。

如塑料管没有承口，还要自行加工制作。方法是在扩张管端采用蒸汽加热或用甘油加热锅加热，加热长度为管子直径的 1～1.5 倍，加热温度为 130～150℃，此时可将插口的管子插入已加热的管端，使其扩大为承口。此外，也可用金属扩口模具扩张。为了使插入管能顺利地插入承口，可在扩张管端及插入管端先做成 30°斜口，如图 4-20 所示。

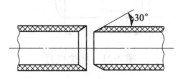

图 4-20　管口扩张前的坡口形式

4.3.2.3　套管连接

套管连接是先将管子对焊起来，并把焊缝铲平；再在接头上加套管。套管可用塑料板加热卷制而成。套管与连接管之间涂上胶黏剂，套管的接口、套管两端与连接管还可焊接起来，增加强度。套管尺寸见表 4-5。

表 4-5　套管尺寸

公称直径 DN/mm	25	32	40	50	65	80	100	125	150	200
套管长度/mm	56	72	94	124	146	172	220	272	330	436
套管厚度/mm	3			4		5		6		7

4.3.2.4　法兰连接

采用钢制法兰时，首先将法兰套入管内，然后加热管进行翻边。采用塑料板材制成的法兰或与塑料管进行焊接时，塑料法兰应在内径两面车出 45°坡口，两面都应与管子焊接。紧固法兰时应把密垫垫好，并在螺栓两端加垫圈。

塑料管管端翻边的工艺是将要翻边的管端加热至 140～150℃，套上钢法兰，推入翻边模具。翻边模具为钢质（见图 4-21），尺寸见表 4-6。翻边模具推入前先加热至 80～100℃，不使管端冷却，推入后均匀地使管口翻成垂直于管子轴线的翻边。翻边后不得有裂纹和皱折等缺陷。

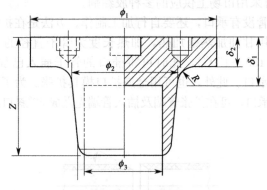

图 4-21 翻边模具

表 4-6 翻边模具尺寸 mm

管子规格	ϕ_1	ϕ_2	ϕ_3	ϕ_4	L	δ_1	δ_2	δ_3
65×4.5	105	56	40	46	65	30	20.5	9.5
76×5	116	66	50	56	75	30	20	10
90×6	128	76	60	66	85	30	19	11
114×7	160	96	80	86	100	30	18	12
166×8	206	150	134	140	100	30	17	13

4.3.2.5 UPVC 管连接

UPVC 管连接（见图 4-22）通常采用溶剂粘接，即把胶黏剂均匀涂在管子承口的内壁和插口的外壁，等溶剂作用后承插并固定一段时间形成连接。连接前，应先检验管材与管件不应受外部损伤，切割面平直且与轴线垂直，清理毛刺、切削坡口合格，黏合面如有油污、尘沙、水渍或潮湿，都会影响粘接强度和密封性能，因此必须用软纸、细棉布或棉纱擦净，必要时蘸用丙酮的清洁剂擦净。插口插入承口前，在插口上标出插入深度，管端插入承口必须有足够深度，目的是保证有足够的黏合面，插口处可用板锉锉成 15°～30°坡口。坡口厚度宜为管壁厚度的 1/7～1/2。坡口完成后应将毛刺处理干净。

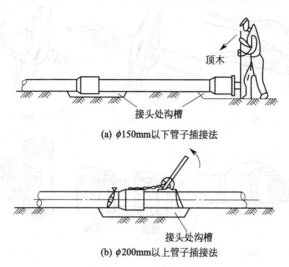

(a) ϕ150mm以下管子插接法

(b) ϕ200mm以上管子插接法

图 4-22　UPVC 管承插连接

　　管道粘接不宜在湿度很大的环境下进行，操作场所应远离火源、防止撞击和阳光直射。在－20℃以下的环境中不得操作。涂胶宜采用鬃刷，当采用其他材料时应防止与胶黏剂发生化学作用，刷子宽度一般为管径的 1/7～1/2。涂刷胶黏剂应先涂承口内壁再刷插口外壁，应重复二次。涂刷时动作迅速、均匀、适量，无漏涂。涂刷结束后应将管子立即插入承口，轴向需用力准确，应使管子插入深度符合所画标记，并稍加旋转。管道插入后应保持 1～2min，再静置以待完全干燥和固化。粘接后迅速擦净溢出的多余胶黏剂，以免影响外壁美观。管端插入深度不得小于表 4-7 的规定。

表 4-7　管端插入深度

代号	1	2	3	4	5
管子外径/mm	40	50	75	110	160
管端插入深度/mm	25	25	40	50	60

4.3.2.6　铝塑复合管连接

　　铝塑复合管连接有两种：螺纹连接、压力连接。

　　（1）螺纹连接　螺纹连接如图 4-23 所示。

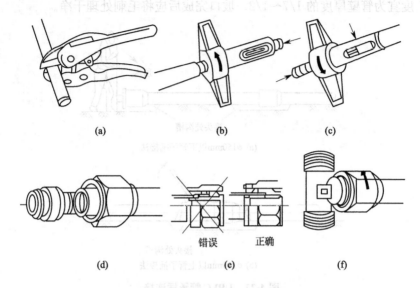

(a)　　　　　　　(b)　　　　　　　(c)

错误　　　正确

(d)　　　　　　　(e)　　　　　　　(f)

图 4-23　铝塑复合管连接示意图

螺纹连接的方法如下：

① 用剪管刀将管子剪成合适的长度。

② 穿入螺母及 C 形铜环。

③ 将整圆器插入管内到底用手旋转整圆器，同时完成管内圆倒角。整圆器按顺时针方向转动，对准管子内部口径。

④ 用扳手将螺母拧紧。

（2）压力连接　压制工具有电动压制工具与电池供电压制工具。当使用承压管件和螺纹管件时，将一个带有外压套筒的垫圈压制在管末端，用 O 形密封圈和内壁紧固起来。压制过程分两种：使用螺纹管件时，只需拧紧旋转螺钉；使用承压管件时，需用压制工具和钳子压接外层不锈钢套管。

4.3.2.7　PP-R 管连接

PP-R 管连接方式有热熔连接、电熔连接、丝扣连接与法兰连接，这里仅介绍热熔连接和丝扣连接。

（1）热熔连接　热熔连接工具如图 4-24 所示。

热熔连接的方法如下：

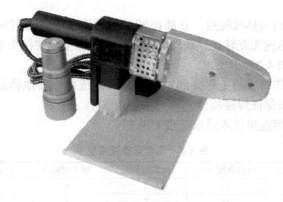

图 4-24 熔接器

① 用卡尺与笔在管端测量并标绘出热熔深度,如图 4-25(a)、(b) 所示。

② 管材与管件连接端面必须无损伤、无油,保持清洁、干燥。

③ 热熔工具接通普通单相电源加热,升温时间约 6min,焊接温度自动控制在约 260℃,可连接施工到达工作温度指示灯亮后方能开始操作。

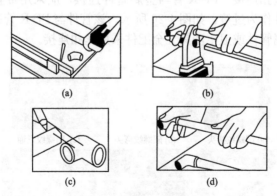

图 4-25 管道熔接示意图

④ 作好熔焊深度及方向记号,在焊头上把整个熔焊深度加热,包括管道和接头,如图 4-25(c)所示。无旋转地把管端导入加热套内,插入到所标志的深度,同时无旋转地把管件推到加热头上,达到规定

标志处。

⑤ 达到加热时间后，立即把管材与管件从加热套与加热头上同时取下，迅速无旋转地直线均匀插入到所标深度，使接头处形成均匀凸缘，如图 4-25(d)所示。

⑥ 工作时应避免焊头和加热板烫伤，或烫坏其他物品；保持焊头清洁，以保证焊接质量。

⑦ 热熔连接技术要求见表 4-8。

表 4-8 热熔连接技术要求

公称直径/mm	热熔深度/mm	加热时间/s	加工时间/s	冷却时间/min
20	14	5	4	3
25	16	7	4	3
32	20	8	4	4
40	21	12	6	4
50	22.5	18	6	5
63	24	24	6	6
75	26	2	10	8
90	32	40	10	8
110	38.5	50	15	10

(2) 丝扣连接　PP-R 管与金属管件连接，应采用带金属嵌件的聚丙烯管件作为过渡，如图 4-26 所示。该管件与 PP-R 管采用热熔连接，与金属管件或卫生洁具五金配件采用丝扣连接。

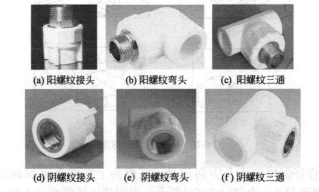

(a) 阳螺纹接头　　(b) 阳螺纹弯头　　(c) 阳螺纹三通

(d) 阴螺纹接头　　(e) 阴螺纹弯头　　(f) 阴螺纹三通

图 4-26 聚丙烯管件

4.3.2.8　管道支架和吊架的安装

为了正确支撑管道、满足管道补偿、限制热位移、控制管道振动和防止管道对设备产生推力等要求，管道敷设应正确设计和施工管道的支架和吊架。

管道的支架和吊架形式和结构很多，按用途分为滑动支架、导向滑动支架、固定支架和吊架等。

固定支架用于管道上不允许有任何位移的地方。固定支架要安装在牢固的房屋结构或专设的结构物上。为防止管道因受热伸长而变形和产生应力，均采取分段设置固定支架，在两个固定支架之间设置补偿器自然补偿的技术措施。固定支架与补偿器相互配套，才能使管道热伸长变形产生的位移和应力得到控制，以满足管道安全要求。固定支架除承受管道的重力（自重、管内介质质量及保温层质量）外，一般还要受到以下三个方面的轴向推力：一是管道伸长移动时活动支架上的摩擦力产生的轴向推力；二是补偿器本身结构或自然补偿管段在伸缩或变形时产生的弹性反力或摩擦力；三是管道内介质压力作用于管道，形成对固定支架的轴向推力。因此，在安装固定支架时一定要按照设计的位置和制造结构进行施工，防止由于施工问题出现固定支架被推倒或位移的事故。

滑动支架和一般吊架用在管道无垂直位移或垂直位移极小的地方。其中吊架用于不便安装支架的地方。支、吊架的间距应合理担负管道荷重，并保证管道不产生弯曲。滑动支架、吊架的最大间距见表4-9。在安装中，应按施工图等要求施工。考虑到安装具体位置的便利，支架间距应小于表 4-9 的规定值。

表 4-9　滑动支架、吊架间距的最大间距

管道外径×壁厚 /mm×mm	不保温管道/m	保温管道/m		
		岩棉毡 $\rho=100kg/m^3$	岩棉管壳 $\rho=150kg/m^3$	微孔硅酸钙 $\rho=250kg/m^3$
25×2	3.5	3.0	3.0	2.5
32×2.5	4.0	3.0	3.0	2.5
38×2.5	5.0	3.5	3.5	3.0
45×2.5	5.0	4.0	4.0	3.5
57×3.5	7.0	4.5	4.5	4.0
73×3.5	8.5	5.5	5.5	4.5

续表

管道外径×壁厚 /mm×mm	不保温管道/m	保温管道/m		
		岩棉毡 $\rho=100kg/m^3$	岩棉管壳 $\rho=150kg/m^3$	微孔硅酸钙 $\rho=250kg/m^3$
89×3.5	9.5	6.0	6.0	5.5
108×4	10.0	7.0	7.0	6.5
133×4	11.0	8.0	8.0	7.0
159×4.5	12.0	9.0	9.0	8.5
219×6	14.0	12.0	12.0	11.0
273×7	14.0	13.0	13.0	12.0
325×8	16.0	15.5	15.5	14.0
377×9	18.0	17.0	17.0	16.0
426×9	20.0	18.5	18.5	17.5

为减少管道在支架上位移时的摩擦力，对滑动支架可采用在管道支架托板之间垫上摩擦系数小的垫片，或采用滚珠支架、滚柱支架（这两种支架结构较复杂，一般用在介质温度高和管径较大的管道上）。

导向滑动支架也称为导向支架，它是只允许管道作轴向伸缩移动的滑动支架。一般用于套筒补偿器、波纹管补偿器的两侧，确保管道洞中心线位移，以便补偿器安全运行。在方形补偿器两侧 $10R\sim15R$ 距离处（R 为方形补偿器弯管的弯曲半径），宜装导向支架，以避免产生横向弯曲而影响管道的稳定性。在铸铁阀件的两侧，一般应装导向支架，使铸件少受弯矩作用。

弹簧支架、弹簧吊架用于管道具有垂直位移的地方。它是用弹簧的压缩或伸长来吸收管道垂直位移的。

支架安装在室内要依靠砖墙、混凝土柱、梁、楼板等承重结构用预埋支架或预埋件和支架焊接等方法加以固定。

第5章

水工操作技能

5.1 给水系统操作技能

5.1.1 水路走顶和走地的优缺点

水管最好走顶不走地，因为水管安装在地上会承受瓷砖和人的压力，有踩裂水管的危险。另外，走顶的好处在于检修方便，具体优缺点如下。

5.1.1.1 水路走顶

优点：在地面不需要开槽，万一有漏水可以及时发现，避免祸及楼下。

缺点：如果是PPR管，因为它的质地较软，所以必须吊攀固定（间距标准为60cm）。需要在梁上打孔，加之电线穿梁孔及中央空调开孔，对梁体有一定损害。一般台盆、浴缸等出水高度比较低，这样管线会比较长，对热量有损失。

5.1.1.2 水路走地

优点：开槽后的地面能稳固 PPR 管，水管线路较短。

缺点：需要在地面开槽，比较费工。跟地面电线管会有交叉。万一发生漏水现象，不能及时发现，对施工要求较高。

5.1.1.3 先砌墙再水电

优点：泥工砌墙相当方便，墙体晾干后放样比较准确，线盒定位都可以由电工一次统一到位。

缺点：泥工需要两次进场施工，会增加工时。材料也需要进场两次，比较麻烦。

5.1.1.4 先水电再砌墙

优点：敲墙后马上就可进行水电作业，工期紧凑，泥工一次进场即可。

缺点：林立的管线会妨碍泥工砌墙，并影响墙体牢固度。底盒也只能由泥工边施工边定位。由于先水电后砌墙，缩短了墙体晾干期，有时会影响后期的油漆施工。

5.1.2 水路改造的具体注意事项

(1) 施工队进场施工前必须对水管进行打压测试（打 10kgf 水压 15min 测试，如压力表指针没有变动，则可以放心改水管，反之则不得动用改管，必须先通知管理处，让管理处进行检修处理，待打压正常后方可进行改管）。

(2) 打槽不能损坏承重墙和地面现浇部分，可以打掉批荡层。承重墙上如需安装管路，不能破坏里面钢筋结构。

(3) 水路改造完毕，需对水路再次进行打压试验，打压正常后用水泥砂浆进行封槽。埋好水管后的水管加压测试也是非常重要的。测试时，测试人员一定要在场，而且测试时间至少在 30min，条件许可的，最好 1h。10kgf 加压，最后没有任何减少方可测试通过。

(4) 冷热水管间的距离在用水泥瓷砖封之前一定要准确，而且一定要平行（现在大部分电热水器、分水龙头冷热水上水间距都是 15cm，也有个别的是 10cm）。如果已经买了，最好装上去，等封好后再卸下来。冷热水上水管口高度应一致。

(5) 冷热水上水管口应垂直墙面，以后贴墙砖也应注意别让瓦工弄歪了（不垂直的话以后安装非常麻烦）。

（6）冷热水上水管口应高出墙面 2cm，铺墙砖时还应要求瓦工铺完墙砖后，保证墙砖与水管管口在同一水平。若尺寸不合适，以后安装电热水器、分水龙头等，很可能需要另外购买管箍、内丝等连接件才能完成安装。

（7）一般市场上普遍用的水管是 PPR 管、铝塑管、镀锌管等。而家庭改造水路（给水管）最好用 PPR 管，因为它采用热熔接连接，终生不会漏水，使用年限可达 50 年。

（8）建议所有龙头都装冷热水管，装修时多装一点（花不了很多钱），事后想补救超级困难。

（9）阳台上如果需要可增加一个洗手池，装修时要预埋水管。阳台的水管一定要开槽走暗管，否则阳光照射，管内易生微生物。

（10）承重墙钢筋较多较粗时，不能把钢筋切断。业主水改时，可能会考虑后期还会增添用水电器，那么可以多预留 1～2 个出水口，当需要用时安装上水龙头即可。

（11）水管安排时除了考虑走向，还要注意埋在墙里接水龙头的水管高度，否则会影响如热水器、洗衣机的安装高度。

注意：装水龙头时浴缸和花洒的水龙头所连接的管子是预埋在墙里的，尺寸一定要准确，不要到时候装不上。如果冷热水管间距是留了 15cm，可冷热水管不平行，以致水电工费了很大力才安上。如果能先装水龙头，就先装上。应该是先把水龙头买回来，再装冷热水管和贴瓷砖。

一般情况下，安装水管前不用把龙头和台盆、水槽都买好，只要确定台盆龙头、浴缸龙头、洗衣机龙头的位置就行了，99% 的龙头和落水都是符合国际规范的，只要工人不粗心，都没事。如果自己做台盆柜，台盆需要提前买好或看好尺寸。水槽在量台面前确定好尺寸，装台面前买好就行。

（12）水管尽量不要从地面走，最好在顶上走，方便将来维修，如果水管走地面，铺上瓷砖后很难维修，有时还需要地面开槽，包括做防水等。

（13）冷水管在墙里要有 1cm 的保护层，热水管是 1.5cm，因此槽要开得深些。

（14）地面如果有旧下水管，一般铺设新下水管，以保安全。

（15）如果加管子移动下水管道口，在新管道和旧下水管道入口对接前应该检查旧下水管道是否畅通（可先疏通一下避免日后很多麻烦）。

（16）水管及管件本身没有质量问题，那么冷水管和热水管都有可能漏水。冷水管漏水一般是水管和管件连接时密封没有做好造成的；热水管漏水除由于密封没有做好外，还可能是密封材料选用不当造成的。

（17）水暖施工时，为了把整个线路连接起来，要在锯好的水管上套螺纹。如果螺纹过长，在连接时水管旋入管件（如弯头）过深，就会造成水流截面变小，水流也随之变小。

（18）连接主管到洁具的管路大多使用蛇形软管。如果软管质量低劣或水暖工安装时把软管拧得紧，使用不久就会使软管爆裂。

（19）安装马桶时底座凹槽部位没有用油腻子密封，冲水时就会从底座与地面之间的缝隙溢出污水。

（20）装修完工的卫生间，洗面盆位置经常会移到与下水入口相错的地方，买洗面盆时配带的下水管往往难以直接使用。安装工人为图省事，一般又不做S弯，造成洗面盆与下水管道直通，以致洗面盆下水返异味，所以必须做S弯。

（21）家庭居室中除了厨房、卫生间的上下水管道之外，每个房间的暖气管更容易出现问题。由于管道安装不易检查，因此所有管道施工完毕后，一定要经过注水、加压检查，没有跑、冒、滴、漏才算过关，防止管道渗漏造成麻烦。

（22）一般水管采用4分水管就足够了（一般水管出口都是4分标准接口），对于别墅或高层楼房，有可能水压小，才需要考虑采用6分管。

（23）一般水路改造公司都是从水表之后进行全房间改造，一般不做局部改造（因为全部的水管改造使水路改造公司成本低，同时以后出现问题也好分清责任）。

（24）水路改造时一般坐便器的位置需要留一个冷水管出口，脸盆、厨房水槽、淋浴或浴缸的位置都需要留冷热水两个出口。需要注意的是，不要出口留少了或者留错了。

（25）如果水管出水的位置改变了，那么相应的下水管也需要改变。

（26）水路改造涉及上水和下水，有些需要挪动位置的（包括水表位置、出水口位置、下水管位置等），最好在准备改造前咨询物业是否能够挪动。若决定要在墙上开槽走管，最好先问问物业走管的地方能不能开槽，要是不能则另寻其他方法。

（27）给洗澡花洒龙头留的冷热水接口，安装水管时一定要调正角度，最好把花洒提前买好试装一下。尤其注意在贴瓷砖前把花洒先简单拧上，贴好瓷砖以后再拿掉，到最后再安装。防止出现贴瓷砖时已经把水管接口固定，而因为角度问题装不上而再刨瓷砖。

（28）给马桶留的进水接口位置一定要和马桶水箱离地面的高度适配。如果留高了，到最后装马桶时就有可能冲突。

（29）卫生间除了给洗衣机留好出水龙头外，最好留一个龙头接口，这样以后想接点水浇花等方便。这个问题也可以通过购买带有出水龙头的花洒来解决。

（30）卫生间下水改动时要注意是采用柜盆还是采用柱盆或是采用半挂盆，柜盆原位不动下水不用改动（柱盆要看距离墙面多远，可能需要向墙面移动一些），半挂悬盆需要改成入墙的下水；此外，还要考虑洗衣机的下水位置以避洗衣机排水造成前面的地漏反灌。

（31）洗手盆处要是安装柱盆，注意冷热水出口的距离不要太宽。从柱盆的正面看，能看到两侧有水管。

（32）建议在所有下水管上都安装地漏，不要图一时方便把下水管直接插入下水道。因为下水道的管径大于下水管，时间长了怪味会从缝隙冒出，夏天还可能有飞虫飞出。如果已经安装好浴室柜，并且没有地漏，那么可以在下水管末端捆绑珍珠棉（包橱柜、木门的保护膜）或者塑料袋，然后塞进下水道中，并与地面接缝处打玻璃胶进行封堵，杜绝反味和飞虫困扰。

（33）水电路不能同槽，水管封槽采用水泥砂浆，水管暗埋淋浴口冷热水口距离 15cm 且水平，水口距基础墙面突出 2cm 或 2.5cm（视墙体的平整度）。水管封槽后一定不能比周边墙面凸出，否则无法贴砖。

（34）水电开槽一般都是以能埋进管路富裕一点为准，开槽深度一般在 6～2.5cm（这样才能把水管或者线管埋进墙里不致外露，便于墙面处理），开槽宽度视所埋管道决定，但最宽最好不跨越 8cm，不然会影响墙体强度，电路有 20mm 和 16mm 的管路，水路有 20mm 和 25mm 的管路。

碰到钢筋第一点就是先考虑避让，换位。如果实在避横钢筋需砸弯单不能切断，要是竖钢筋一般移一点位置就能避让开，所有主钢筋都不能切断。开槽一定不能太深，老房子，尤其是砖混结构的老房子，一旦开槽深了，很容易造成大面积的墙皮脱落。

5.1.3　水管改造敷设的操作技能

5.1.3.1　定位

首先要根据对水的用途进行水路定位，比如哪里要水盆、哪里热水器、哪里要马桶等，水工会根据业主的要求进行定位。

5.1.3.2　开槽、打孔

定位完成后，水工根据定位和水路走向开布管槽。管槽很有讲究，要横平竖直，不过按规范的做法，不允许开横槽，因为会影响墙的承受力。开槽深度：冷水埋管后的批灰层要大于1cm，热水埋管后的批灰层要大于1.5cm。当需要过墙时，可用电锤和电镐开孔，如图5-1所示。

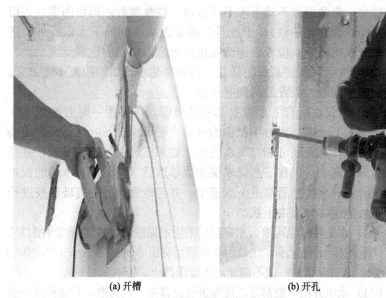

(a) 开槽　　　　　　(b) 开孔

图5-1　开槽开孔过程示意图

5.1.3.3　布管

根据设计过程裁切水管，并用热熔枪接管后将水管按要求放入管槽中，并用卡子固定，如图 5-2 所示。

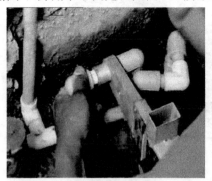

(a) 热熔枪接管并固定管路

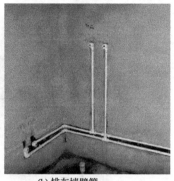

(b) 排布墙壁管

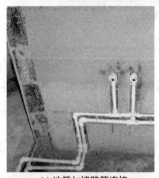

(c) 地管与墙壁管连接

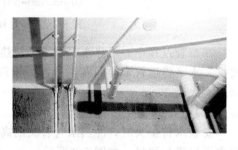

(d) 水走顶布管连接

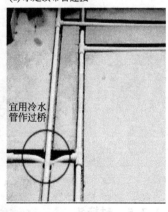

宜用冷水
管作过桥

(e) 水走地布管的连接

图 5-2

(f) 卫生间整体布管全貌

图 5-2　布管过程

在布管过程中，冷热水管要遵循左热右冷、上热下冷的原则进行安排。水平管道管卡的间距：冷水管卡间距不大于 60cm，热水管卡间距不大于 25cm。

5.1.3.4　接头

安装水管接头时，冷热水管管头的高度应在同一个水平面上，可用水平尺进行测量，如图 5-3 所示。

图 5-3　固定安装管接头

5.1.3.5　封接头

水管安装好后，应立即用管堵把管头堵好，不能有杂物掉进去，如图 5-4 所示。

图 5-4　接管封接头

5.1.3.6　打压试验

水管安装完成后进行打压测试。打压测试就是为了检测所安装的水管有没有渗水或漏水现象，只有经过打压测试，才能放心封槽。打压时应先将管路灌满水，再连接打压泵打压，如图 5-5、图 5-6 所示。

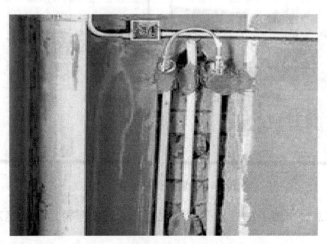

图 5-5　用软管接好冷热水管密封接头

图 5-6　连接打压泵

图 5-7　打压泵压力表

打压测试时，打压机的压力一定要达到 0.6MPa 以上，等待 20~30min。如果压力表（图 5-7）的指针位置没有变化，就说明所安装的水管是密封的，再重点检查各接头是否有渗水现象（见图 5-8），如果没有就可以放心封槽了。

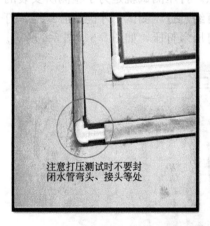

注意打压测试时不要封闭水管弯头、接头等处

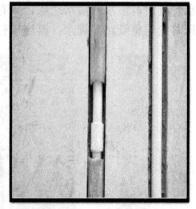

图 5-8　检验是否有渗透水现象

注意：水施工中只要有渗水现象，一定要坚持返工，绝对不能含糊。

5.1.4　下水管道的安装

在安装水路管道时，有时需要改造安装下水管道。

5.1.4.1 斜三通安装

连接时用上斜三通既引导下水方向，又便于后期疏通，如图 5-9 所示。

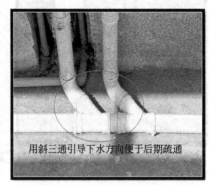

用斜三通引导下水方向便于后期疏通

图 5-9 斜三通

5.1.4.2 转角安装

转角处用 2 个斜 45°的转角也是为了下水顺畅和方便疏通，如图 5-10 所示。

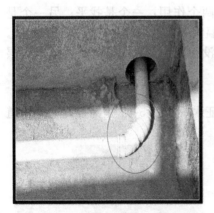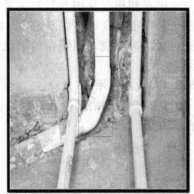

图 5-10 45°转角

5.1.4.3 返水弯的制作连接

连接落水管（洗衣机、墩布池）考虑返水弯，以防臭气上冒，如图 5-11 所示。

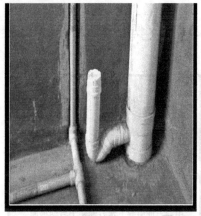

图 5-11 返水弯

5.2 地暖的敷设技能

5.2.1 铺保温板、反射膜

5.2.1.1 铺挤塑板

铺挤塑板（见图 5-12）主要两个作用：一个是找平；另一个是由于挤塑板本身导热性很差，保温性好，就能阻止热量往地下扩散。这种板极易燃烧，但铺在地上就没问题，并且在之上还要覆盖一层豆石。

5.2.1.2 找水平

铺挤塑板时需要避开管道保证水平。图 5-13 是铺设时避开管道的效果图。

图 5-12 铺挤塑板   图 5-13 找水平

5.2.1.3　铺反射膜

接下来就是往挤塑板上铺反射膜（这种膜看起来有点像铝箔纸，但很软），主要作用就是把地暖管的热量都向上反射，如图 5-14 所示。

图 5-14　地暖反射膜

5.2.2　盘管

铺完反射膜就可以开始盘管。管子上都标有长度（见图 5-15），这样方便在盘管前计算用量。施工时用两个工人，一人负责把管子捋顺，另一人负责盘管上卡子，铺完一路再换过来，如图 5-16 所示。

图 5-15　盘管（1）　　　　　　　图 5-16　盘管（2）

敷设的管子用卡子固定，如图 5-17 所示。比较弯的地方除了用卡子外，还要用砖头压住。

盘完管的房间如图 5-18 所示。各房间盘管效果如图 5-19～图 5-21所示。

图 5-17　敷设管子用卡子固定

图 5-18　盘完管的房间

图 5-19　主卧和阳台的管子（成一个回路）

图 5-20　L 形阳台上的管子

厨房是管子是最密集的地方，如图 5-22 所示。橱柜下方一般都不用再放管子，靠门口这些管子就足够让厨房暖和了。

图 5-21　次卧的管子（分成了两个回路）

图 5-22　厨房管路

5.2.3　墙地交接贴保温层

盘完管后需要在墙地交接的地方贴一层双面胶保温层，主要防止热量从地上传导到墙面上去，如图 5-23 所示。在实际工作中，很多水工不做此步骤。

5.2.4　安装分水器

地暖当然少不了分水器了。分水器（见图 5-24）一般是一体成型的，比较耐用，安装效果图如图 5-25 所示。

图 5-23　往墙上贴单面胶条　　　　　图 5-24　分水器

5.2.5　打压测试

上述过程全部完成后，就开始给管子放水，进行打压测试了。一般要打压 3 次，压力在 0.8MPa 左右，如图 5-26 所示。

5.2.6　回填

打压测试完成后，地暖的铺装就算完成了，接下来就是回填了（见图 5-27）。回填完成后进行抹平，如图 5-28 所示。

图 5-25　分水器安装效果图　　　　　图 5-26　地暖打压测试

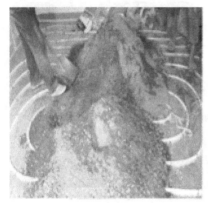

图 5-27　地面回填

　　地面回填后需要进行养护。每隔两三天给地面洒水,让地面阴干,如图 5-29 所示。

　　地暖回填注意事项如下:

　　(1) 地暖加热管安装完毕且水压试验合格后 48h 内完成混凝土填充层施工。

　　(2) 混凝土填充层施工应由有资质的土建施工方承担。

　　(3) 在混凝土填充层施工中,加热管内水压不应低于 0.6MPa;在填充层养护过程中,系统水压不应低于 0.4MPa。

图 5-28　回填完成抹平

图 5-29　洒水，让地面阴干

（4）填充层是用于保护塑料管和使地面温度均匀的构造层。一般为豆石混凝土，石子粒径不应大于 10mm，水泥砂浆体积比不小于 1∶3，混凝土强度等级不小于 C15。填充层厚度应符合设计要求，平整度不大于 3mm。

（5）地暖系统需要在墙体、柱、过门等与地面垂直交接处敷设伸缩缝，伸缩缝宽度不应小于 10mm。当地面面积超过 30m² 或边长超过 6m 时，应设置伸缩缝，伸缩缝宽度不宜小于 8mm。上述伸缩缝在混凝土填充层施工前已铺设完毕，混凝土填充层施工时应注意保护伸缩缝不被破坏。

（6）在混凝土填充层施工中，严禁使用机械振捣设备；施工人员应穿软底鞋，采用平头铁锹。

第6章

卫生洁具的安装操作

6.1 卫生器具

卫生器具指的是供水或接受、排出污水或污物的容器或装置。它是建筑内部给水排水系统的重要组成部分，是收集和排除生活及生产中产生的污水、废水的设备。简单地说，卫生器具是给水系统的末端（受水点），排水系统的始端（收水点）。

对卫生器具质量要求是：表面光滑、易于清洗、不透水、耐腐蚀、耐冷热和具有一定的强度。除大便器外，每一卫生器具均应在排水口处设置十字栏栅，以防粗大污物进入排水管道，引起管道阻塞。一切卫生器具下面必须设置存水弯，以防排水系统中的有害气体窜入室内。

制造卫生器具的材料有陶瓷、搪瓷铸铁、塑料、不锈钢等。

6.1.1 洗面器

洗面器是供洗脸、洗手用的有釉陶瓷质卫生设备，有托架式、台式和立柱式，如图 6-1 所示。

图 6-1 洗面器

6.1.1.1 洗面器的分类及规格

洗面器的分类及规格见表 6-1。

表 6-1 洗面器分类及规格

分类	(1)按安装方式分 ① 托架式(普通式)：安装在托架上。 ② 台式：安装在台面板上。 ③ 立柱式：安装在地面上。 (2)按洗面器孔眼数目分 ① 单孔式：安装一只水嘴或安装单手柄(混合)水嘴。 ② 双孔式：安装放冷热水用水嘴各 1 副，或双手轮(或单手柄)冷热水(混合)水嘴 1 副，其中两水嘴中心孔距有 100mm 和 200mm 两种。 ③ 三孔式：安装双手轮(或单手柄)放冷热水(混合)水嘴 1 副，混合体在洗面器下面									
类型	普通式					台式		立柱式		
产地	唐山					上海		上海		
型号	14	16	18	20	22	L-610	L-616	L-605	L-609	L-621
常见洗面器主要尺寸/mm										
长度	350	400	450	510	560	510	590	600	630	520
宽度	260	310	310	300	410	440	500	530	530	430
高度	200	210	200	250	270	170	200	240	250	220
总高度	—	—	—	—	—	—	—	830	830	780

6.1.1.2 洗面器的主要用途

配上洗面器水嘴等附件后，安装在卫生间内供洗手、洗脸用。

6.1.2 洗面器水嘴

洗面器水嘴又称为立式洗面器水嘴、面盆水嘴或面盆龙头，如图6-2所示。

6.1.2.1 洗面器水嘴的主要规格

洗面器水嘴的公称直径为15mm，公称压力为0.6MPa，适用温度≤100℃。

6.1.2.2 洗面器水嘴的主要用途

洗面器水嘴装于洗面器上，用以开关冷、热水。在水嘴手柄上标有冷、热字样，或嵌有蓝、红色标志，通常以冷、热水嘴各一个为一组。

图6-2 洗面器水嘴　　　　　图6-3 洗面器单手柄水嘴

6.1.3 洗面器单手柄水嘴

洗面器单手柄水嘴又称为单手柄水嘴、洗面盆单把混合水嘴或立式混合水嘴，如图6-3所示。

6.1.3.1 洗面器单手柄水嘴的主要型号及规格

洗面器单手柄水嘴的主要型号为MG12（北京产品），其主要规格是公称直径为15mm，公称压力为0.6MPa，适用温度≤100℃。

6.1.3.2 洗面器单手柄水嘴的主要用途

洗面器单手柄水嘴装在陶瓷面盆上，用以开关冷、热水和排放盆内存水。其特点是冷热水均用一个手柄控制和从一个水嘴中流出，并可调节水温（手柄上提起再向左旋，可出热水；如向右旋，即出冷水）。手柄向下掀，则停止出水。拉起提拉手柄，可排放盆内存水；掀下提拉手柄，即停止排水。

6.1.4　立柱式洗面器配件

立柱式洗面器配件又称为立柱式面盆铜配件和带腿面盆铜器，如图 6-4 所示。

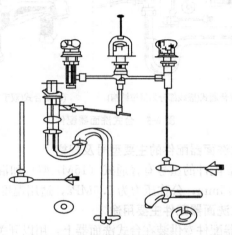

图 6-4　立柱式洗面器配件

6.1.4.1　立柱式洗面器配件的主要型号及规格

立柱式洗面器配件的主要型号为 80-1 型（上海产品），其公称直径为 15mm，公称压力为 0.6MPa，适用温度≤100℃。

6.1.4.2　立柱式洗面器配件的主要用途

立柱式洗面器配件专供装在立柱式洗面器上，用以开关冷、热水和排放盆内存水。其特点是冷、热水均从一个水嘴中流出，并可调节水温。掀下金属拉杆，即可排放盆内存水；拉起拉杆，则停止排水。附有存水弯，可防止排水管内臭气回升。

6.1.5　台式洗面器配件

台式洗面器配件又称为台式面盆铜活和镜台式面盆铜器，如图 6-5 所示。

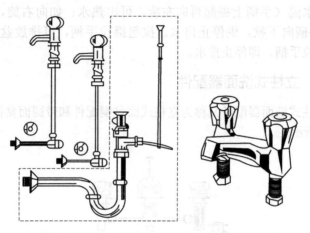

(a) 普通式(虚线部分为提拉结构)　　　(b) 混合式(双手柄)

图6-5　台式洗面器配件

6.1.5.1　台式洗面器配件的主要型号及规格

台式洗面器配件的型号有普通式（15M7型）和混合式（7103），其公称直径为15mm，公称压力为0.6MPa，适用温度≤100℃。

6.1.5.2　台式洗面器配件主要用途

台式洗面器配件专供装在台式洗面器上，用以开关冷、热水和排放盆内存水。台式洗面器配件分普通和混合式两种。普通式的冷热水分别从两个水嘴中流出；混合式的冷、热水从一个水嘴中流出，并可调节水温。

6.1.6　弹簧水嘴

弹簧水嘴又称为立式弹簧水嘴、手掀龙头和自闭水嘴，如图6-6所示。

6.1.6.1　弹簧水嘴的主要规格

弹簧水嘴的主要规格是公称直径为15mm，公称压力为0.6MPa，适用温度≤100℃。

6.1.6.2　弹簧水嘴的主要用途

弹簧水嘴装于公共场所的面盆、水斗上，作开关自来水用。掀下水嘴手柄，即打开通路放水；松手，即关闭通路停水。

6.1.7 洗面器落水

洗面器落水又称为面盆下水口、面盆存水弯、下水连接器、洗面盆排水栓和返水弯，如图 6-7 所示。

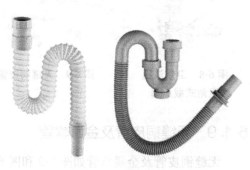

图 6-6 弹簧水嘴   图 6-7 洗面器落水

6.1.7.1 洗面器落水的主要规格

洗面器落水有横式、直式两种，又分普通式和提拉式两种。制造材料有铜合金、尼龙 6、尼龙 1010 等；公称直径为 32mm；橡皮塞直径为 29mm。提拉式落水结构参见图 6-5(a)所示台式洗面器配件中的提拉结构部分。

6.1.7.2 洗面器落水的主要用途

洗面器落水可作为排放面盆、水斗内存水用的通道，并有防止臭气回升作用。洗面器落水由落水头子、锁紧螺母、存水弯、法兰罩、连接螺母、橡皮塞和瓜子链等零件组成。

6.1.8 卫生洁具直角式截止阀

卫生洁具直角式截止阀又称为直角阀、三角阀、角形阀、八字水门，如图 6-8 所示。

6.1.8.1 卫生洁具直角式截止阀的主要规格

卫生洁具直角式截止阀的主要规格是公称直径为 15mm，公称压力为 0.6MPa。

6.1.8.2 卫生洁具直角式截止阀的主要用途

卫生洁具直角式截止阀装在通向洗面器水嘴的管路上，用以控制水嘴的给水，以利于设备维修。平时直角式截止阀处于开启状态，若水嘴或洗面器需进行维修，则处于关闭状态。

图 6-8　卫生洁具　　　图 6-9　无缝铜皮管　　　图 6-10　金属软管
直角式截止阀　　　　　　　　　　　　　　　　　（蛇皮软管）

6.1.9　无缝铜皮管及金属软管

无缝铜皮管及金属软管如图 6-9 和图 6-10 所示。

6.1.9.1　无缝铜皮管及金属软管的主要规格

无缝铜皮管及金属软管的主要规格见表 6-2。

表 6-2　无缝铜皮管及金属软管的主要规格　　　　　mm

品种	无缝铜皮管			金属软管		
	外径	厚度	长度	外径	厚度	长度
主要尺寸	12.7	0.7～0.8	330	12	—	350 450
材料及表面状态	黄铜抛光或镀铬			黄铜镀铬或不锈钢		

6.1.9.2　无缝铜皮管及金属软管的主要用途

无缝铜皮管及金属软管可用作洗面器水嘴与三角阀之间的连接管。

6.1.10　托架

托架又称为支架、搁架，如图 6-11 所示。

6.1.10.1　托架的主要规格

托架的主要规格是：洗面器托架长×宽×高尺寸为 310mm×40mm×230mm，水槽托架长×宽×高尺寸为 380mm×45mm×310mm。托架制造材料为灰铸铁。

(a) 洗面器托架　　　　(b) 水槽托架

图 6-11　托架

6.1.10.2　托架的主要用途

托架安装在墙面与陶瓷洗面器或水槽之间，支托洗面器或水槽，使之保持一定高度，便于使用。

6.1.11　浴缸

浴缸的主要规格见表 6-3。

表 6-3　浴缸的产品规格

品种	按制造材料分	铸铁浴缸、钢板浴缸、玻璃钢缸、亚克力浴缸、塑料浴缸		
	按结构分	普通浴缸（TVP 型）、扶手浴缸（CYF-5 扶型）、裙板浴缸		
	按色彩分	白色浴缸、彩色浴缸（青、蓝、灰、黑、紫、红等）		

型号	尺寸/mm			型号	尺寸/mm		
	长	宽	高		长	宽	高
TYP-10B	1000	650	305	TYP-16B	1600	750	350
TYP-11B	1100	650	305	TYP-17B	1700	750	370
TYP-12B	1200	650	315	TYP-18B	1800	800	390
TYP-13B	1300	650	315	TYP-5 扶	1520	780	350
TYP-14B	1400	700	330	8701 型裙板浴缸	1520	780	350
TYP-15B	1500	750	350	8801 型扶手浴缸	1520	780	380

6.1.12　浴缸水嘴

浴缸水嘴又称为浴缸龙头、澡盆水嘴，如图 6-12 所示。

6.1.12.1　浴缸水嘴的主要规格

浴缸水嘴的主要规格见表 6-4。

图 6-12 浴缸水嘴

表 6-4 浴缸水嘴的主要规格

品种	结构特点	公称直径/mm	公称压力/MPa
普通式	由冷、热水嘴各一个组成一组	15,20	
明双联式	由两个手轮合用一个出水嘴组成双联式	15	0.6
明(暗)三联式	多一个淋浴器装置	15	
单手柄式	与三联式不同处是,用一个手轮开关冷、热水和调节水温	15	

6.1.12.2 浴缸水嘴的主要用途

浴缸水嘴装于浴缸上,用以开关冷、热水。在水嘴手柄上标有冷、热字样（嵌有蓝、红色标志）。单手柄浴缸水嘴采用一个手柄开关冷、热水，并可调节水温。带淋浴器的可放水进行淋浴，适用温度小于或等于 100℃。

6.1.13 浴缸长落水

浴缸长落水又称为浴缸长出水、浴盆出水、澡盆下水口和澡盆排水栓，如图 6-13 所示。

6.1.13.1 浴缸长落水的主要规格

浴缸长落水的主要规格是：普通式公称直径为 32mm、40mm，提拉式公称直径为 40mm。

6.1.13.2 浴缸长落水的主要用途

浴缸长落水安装在浴缸下面，用以排去浴缸内存水。浴缸长落水由落水、溢水、三通、连接管等零件组成。

6.1.14 莲蓬头

莲蓬头又称为莲花嘴、淋浴喷头、喷头和花洒，如图 6-14 所示。

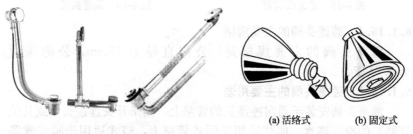

(a) 活络式　　(b) 固定式

图 6-13　浴缸长落水　　　　图 6-14　莲蓬头

6.1.14.1 莲蓬头的主要规格

莲蓬头的主要规格是：公称直径（莲蓬直径）$DN15 \times 40mm$、$DN15 \times 60mm$、$DN15 \times 75mm$、$DN15 \times 80mm$、$DN15 \times 100mm$。

6.1.14.2 莲蓬头的主要用途

莲蓬头用于淋浴时喷水，也可用为防暑降温的喷水设备，有固定式和活络式两种。活络式在使用时喷头可以自由转动，变换喷水方向。

6.1.15 莲蓬头铜管

莲蓬头铜管又称为莲蓬头铜梗、淋浴器铜梗，如图 6-15 所示。

6.1.15.1 莲蓬头铜管的主要规格

莲蓬头铜管的主要规格是公称直径为 15mm。

6.1.15.2 莲蓬头铜管的主要用途

莲蓬头铜管安装于莲蓬头与进水管路之间，作为连接管用。

6.1.16 莲蓬头阀

莲蓬头阀又称淋浴器阀和冷热水阀，如图 6-16 所示。

图 6-15　莲蓬头铜管　　　　　图 6-16　莲蓬头阀

6.1.16.1 莲蓬头阀的主要规格

莲蓬头阀的主要规格是：公称直径为 15mm，公称压力为 0.6MPa。

6.1.16.2 莲蓬头阀的主要用途

莲蓬头阀安装于通向莲蓬头的管路上，用来开关莲蓬头（或其他管路）的冷、热水。明式适用于明式管路上，暗式适用于暗式管路（安装壁内）上，另附一个钟形法兰罩。

6.1.17 双管淋浴器

双管淋浴器又称为双联淋浴器、混合淋浴器和直管式淋浴器，如图 6-17 所示。

6.1.17.1 双管淋浴器的主要规格

双管淋浴器的主要规格是：公称直径为 15mm。

6.1.17.2 双管淋浴器的主要用途

双管淋浴器安装于工矿企业等公共浴室中，用作淋浴设备。淋浴器安装可扫二维码学习。

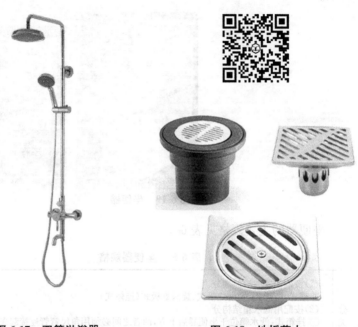

图 6-17 双管淋浴器   图 6-18 地板落水

6.1.18 地板落水

地板落水又称为地漏、地坪落水和扫除口，如图 6-18 所示。

6.1.18.1 地板落水的主要规格

地板落水的主要规格是：普通式公称直径为 50mm、80mm、100mm，两用式公称直径为 50mm。

6.1.18.2 地板落水的主要用途

地板落水安装于浴室、盥洗式室内地面上，用于排放地面积水。两用式中间有一活络孔盖，如取出活络孔盖，可供插入洗衣机的排水管，以便排放洗衣机内存水。

6.1.19　坐便器

坐便器属于建筑给排水材料领域的一种卫生器具，如图 6-19 所示。

图 6-19　坐便器

坐便器的主要规格见表 6-5。

表 6-5　坐便器规格

分类	(1)按坐便器冲洗原理分 冲落式、虹吸式、喷射虹吸式、旋涡虹吸式（连体式） (2)按配用低水箱结构分 ① 挂箱式：低水箱位于坐便器后上方，两者之间必须用角尺弯管连接起来 ② 坐箱式：低水箱直接装在坐便器后上方 ③ 连体式：低水箱与坐便器连成一个整体					
产地	型号	形式	长度/mm	宽度/mm	高度/mm	连体水箱总高度/mm
唐山	福州式3号	挂箱冲落式	460	350	390	—
	C-102	坐箱虹吸式	740	365	380	830
上海	C-105	坐箱喷射虹吸式	730	510	355	735
	C-103	连体旋涡虹吸式	740	520	400	530

6.1.20　橡胶黑套

橡胶黑套又称为皮碗、异径胶碗、橡胶大头小，如图 6-20 所示。

6.1.20.1　橡胶黑套的主要规格

橡胶黑套的主要规格是：内径（套冲水管端）×内径（套瓷管

端）为 32mm × 65mm、
32mm × 70mm、32mm ×
80mm、45mm×70mm。

6.1.20.2 橡胶黑套的主要用途

橡胶黑套用作冲水管
和蹲（坐）便器之间的连
接管。

图 6-20 橡胶黑套

6.1.21 水槽

水槽又称为洗涤槽、水斗、水池、水盆，如图 6-21 所示。

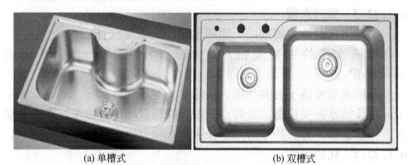

(a) 单槽式   (b) 双槽式

图 6-21 水槽

水槽的主要规格见表 6-6。

表 6-6 水槽的主要规格

型号	1#	2#	3#	4#	5#	6#	7#	8#
长度/mm	610	610	510	610	410	610	510	410
宽度/mm	460	410	360	410	310	460	360	310
高度/mm	200	200	200	150	200	150	150	150

注：表列为单槽式规格，双槽式常用规格为长 780mm×宽 460mm×高 210mm。

6.1.22 水嘴

6.1.22.1 水槽水嘴

水槽水嘴又称为水盘水嘴、水盘龙头、长脖水嘴，如图 6-22 所示。

水槽水嘴的主要规格是：公称直径为 15mm，公称压力为 0.6MPa。

6.1.22.2 水槽落水

水槽落水又称为下水口、排水栓，如图 6-23 所示。

图 6-22 水槽水嘴

图 6-23 水槽落水

水槽落水的主要规格是：公称直径为 32mm、40mm、50mm。

水槽落水用于排除水槽、水池内存水。

6.1.22.3 脚踏水嘴

脚踏水嘴又称为脚踏阀、脚踩水门，如图 6-24 所示。

脚踏水嘴的主要规格是：公称直径为 15mm，公称压力为 0.6MPa。

脚踏水嘴安装于公共场所、医疗单位等场合的面盆、水盘或水斗上，作为放水开关设备。其特点是用脚踩踏板，即可放水；脚离开踏板，停止放水。开关均不需用手操纵，比较卫生，并可以节约用水。

6.1.22.4 化验水嘴

化验水嘴又称为尖嘴龙头、实验龙头、化验龙头，如图 6-25 所示。

图 6-24 脚踏水嘴　　　　　**图 6-25 化验水嘴**

化验水嘴的主要规格是：公称直径为 15mm，公称压力为 0.6MPa。材料为铜合金、表面镀铬。

化验水嘴常用于化验水盆上，套上胶管放水冲洗试管、药瓶、量杯等。

6.1.22.5 洗衣机用水嘴

洗衣机用水嘴如图 6-26 所示，其主要规格是：公称直径为 15mm，公称压力为 0.6MPa。

洗衣机用水嘴安装于放置洗衣机附近的墙壁上，其特点是水嘴的端部有管接头，可与洗衣机的进水管连接，不会脱

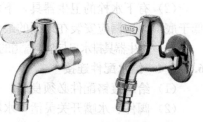

图 6-26　洗衣机用水嘴

落，以便向洗衣机供水；另外，水嘴的密封件采用球形结构，手柄旋转 90°，即可放水或停水。

6.2 卫生器具的安装

6.2.1 卫生器具的安装要求

6.2.1.1 排水、给水头子处理

（1）对于安装好的毛坯排水头子，必须做好保护。如地漏、大便器排水管等都要封闭好，防止地坪上水泥浆流入管内，造成堵塞或通水不畅。

（2）给水管头子的预留要了解给水龙头的规格、冷热水管中心距与卫生器具的冷热水孔中心距是否一致。暗装时还要注意管子的埋入深度，使将来阀门或水龙头装上去时，阀件上的法兰装饰罩与粉刷面平齐。

（3）对于一般暗装的管道，预留的给水头子在粉刷时会被遮盖而找不到，因此水压试验时，可采用管子做的塞头，长度为 100mm 左右，粉刷后这些给水头子都露在外面，便于镶接。

6.2.1.2 卫生器具本体安装

（1）卫生器具安装必须牢固，平稳、不歪斜，垂直度偏差不大于 3mm。

（2）卫生器具安装位置的坐标、标高应正确，单独器具允许误差为 10mm，成排器具允许误差为 5mm。

（3）卫生器具应完好洁净，不污损，能满足使用要求。

（4）卫生器具托架应平稳牢固，与设备紧贴且油漆良好。用木螺钉固定的，木砖应经沥青防腐处理。

6.2.1.3 排水口连接

（1）卫生器具排水口与排水管道的连接处应密封良好，不发生渗漏现象。

（2）有下水栓的卫生器具，下水栓与器具底面的连接应平整且略低于底面。地漏应安装在地面的最低处，且低于地面 5mm。

（3）卫生器具排水口与暗装管道的连接应良好，不影响装饰美观。

6.2.1.4　给水配件连接

（1）给水镀铬配件必须良好、美观，连接口严密，无渗漏现象。

（2）阀件、水嘴开关灵活，水箱铜件动作正确、灵活，不漏水。

（3）给水连接铜管尽可能做到不弯曲，必须弯曲时弯头应光滑、美观、不扁。

（4）暗装配管连接完成后，建筑饰面应完好，给水配件的装饰法兰罩与墙面的配合应良好。

6.2.1.5　总体使用功能及防污染

（1）使用时给水情况应正常，排水应通畅，如排水不畅应检查，可能排水管局部堵塞，也可能器具本身排水口堵塞。

（2）小便器和大便器应设冲洗水箱或自闭式冲水阀，不得用装设普通阀门的生活饮用水管直接冲洗。

（3）成组小便器或大便器宜设置自动冲洗箱定时冲洗。

（4）给水配件出水口不得被卫生器具的液面所淹没，以免管道出现负压时，给水管内吸入脏水。给水配件出水口高出用水设备溢流水位的最小空气间隙，不得小于出水管管径的 2.5 倍，否则应设防污隔断器或采取其他有效的隔断措施。

6.2.2　洗脸盆的安装

洗脸盆（以下简称脸盆）安装前应将合格的脸盆水嘴、排水栓装好，试水合格后方可安装。合格的脸盆塑料存水弯的排水栓一般是 DN32mm 螺纹，存水弯是 ϕ32mm×2.5mm 硬聚氯乙烯 S 形或 P 形存水弯，中间有活接头。劣质产品不要使用。

（1）脸盆安装（一）　如图 6-27 所示，冷热水立管在脸盆的左侧，冷水支管距地坪应为 380mm。冷热水支管的间距为 70mm。按上述高度可影响脸盆水弯距净墙面尺寸，见图 6-27（b）中的 b 值。与八字水门连接的弯头应使用内外丝弯头。

图 6-27 所示的存水弯为钢镀铬存水弯，与排水管连接时应缠两圈油麻，再用油灰密封。

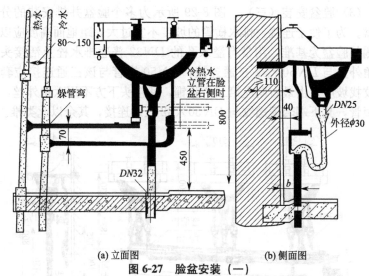

(a) 立面图　　　　(b) 侧面图

图 6-27　脸盆安装（一）

（$b=80$mm，如冷热水立管在脸盆右侧时，$b=50$mm）

脸盆架应安装牢固，嵌入结构墙内不应小于 110mm，其制作可用 $DN15$ 镀锌管。在砖墙上安脸盆架时，应剔 60mm×60mm 方孔；在混凝土墙上安脸盆架时，可用电锤打 $\phi28$mm 孔，用水冲洗干净，用砂浆或素水泥浆稳固。

（2）脸盆安装（二）　在图 6-28 中，冷热水支管为暗装。因此，铜管无须弯灯叉弯，存水弯可抻直与墙面垂直安装。其余同图 6-27。

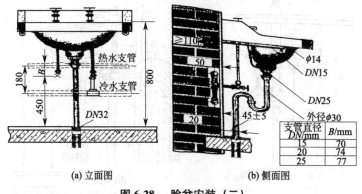

支管直径 DN/mm	B/mm
15	70
20	74
25	77

(a) 立面图　　　　(b) 侧面图

图 6-28　脸盆安装（二）

（3）脸盆安装（三）　　图 8-29 所示为多个脸盆并排安装的分用脸盆。为了便于连接，排水横管的坡度不宜过大，距地面高度应以最右侧的脸盆为基准，用带有溢水孔的 DN32 普通排水栓及活接头和六角外丝与 DN50×32 三通连接，DN50 横管与该三通连接应套偏螺纹找坡度。由最右向左第二个脸锚，活接头下方不用六角外丝，要套短管，其下端套偏螺纹与 DN50×32 三通连接，其余以此类推。

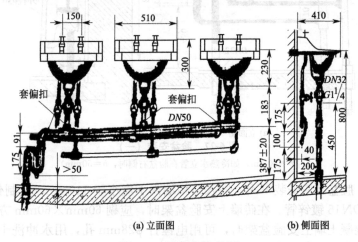

(a) 立面图　　　　　　　　　　　　　　(b) 侧面图

图 6-29　脸盆安装（三）

（本图是根据 510mm 洗脸盆和普通水龙头绘制的。
如脸盆规格有变化，其有关相应尺寸亦应变化）

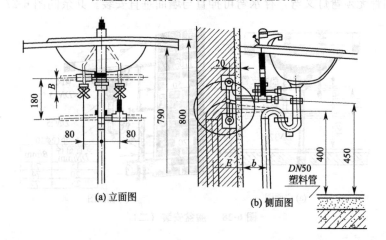

(a) 立面图　　　　　　　　　　　　　　(b) 侧面图

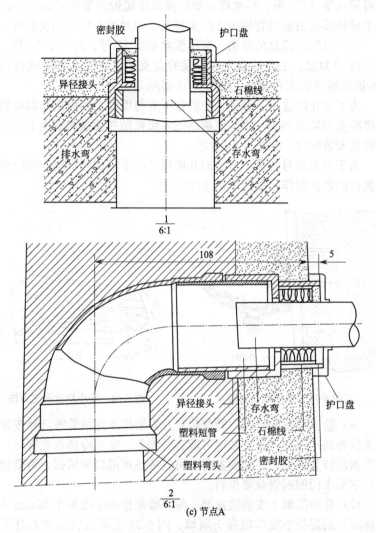

图 6-30 脸盆安装 (四)

冷水支管躲绕热水支管时要冷桅勺形躲管弯。水嘴采用普通水嘴,如采用直角脸盆水嘴,在其下端应装 DN15 活接头。

(4) 脸盆安装 (四) 图 6-30 所示是台式脸盆安装。冷热水支管为暗装 (冷水防结露,热水保温由设计确定) 存水弯为直 (S) 形宜可用八字（P）形。存水弯与塑料排水连接做法如图 6-30(c)所示。图中异径接头由塑料管件生产厂家提供。密封胶亦可用油灰取代。

（5）对窄小脸盆的稳固 窄小脸盆系指 12 号、13 号、14 号、21 号、22 号脸盆。上述脸盆无需安装脸盆支架，在其上方的圆孔内用 M6 镀锌螺栓固定在墙上，如图 6-31 所示。

为了防止脸盆上下颤动，在脸盆下方与墙面之间可用有斜度的木垫将脸盆与墙面垫实，用环氧树脂把木垫粘贴在脸盆和墙面上，以增加脸盆安装刚度，如图 6-31 所示。

由于脸盆型号各异，木垫的几何尺寸亦不尽相同，制作时应按实际测得的数据制作，如图 6-32 所示。

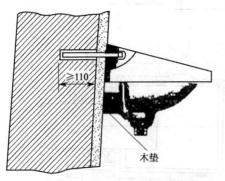

木垫

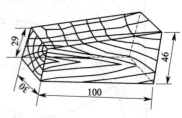

图 6-31 窄小脸盆安装　　　　**图 6-32 窄小脸盆固定方法**

（6）脸盆位置的确定 脸盆位置在安装排水托吊管时已经按设计要求位置高出地面，但安装时可能有些偏差。安装冷热水支管时，应以排水甩口为依据。安装脸盆时，可以冷热水甩口为依据，否则脸盆与八字形水门的铜管就要歪斜。

（7）在薄隔墙上安装脸盆架 薄隔墙是指小于或等于 80mm（未含抹面）的混凝土或非混凝土隔墙。图 6-33 所示为轻质空心且不抹灰亦不贴面砖隔墙。如果抹灰或贴瓷砖时，图中的扁钢（40mm×4mm 镀锌扁钢）可放在墙的外表面。在薄隔墙上安装的脸盆架制作如图 6-34 所示。图中点焊螺母时，应将 M8 螺母对准已钻好的 ϕ3.8mm 孔，点焊后用 M8 丝锥将螺母的螺纹过一次，连同管壁攻丝。

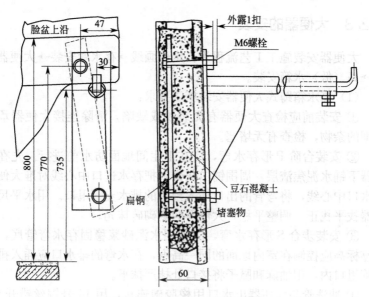

图 6-33　在薄隔墙上安装脸盆架

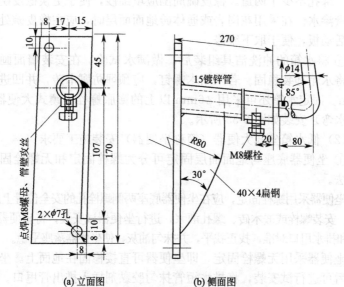

(a) 立面图　　　　　(b) 侧面图

图 6-34　在薄隔墙上安装的脸盆架制作

6.2.3 大便器的安装

大便器安装施工工艺流程为：定位画线→存水弯安装→大便器安装→高（低）水箱安装。

（1）高水箱蹲式大便器安装施工要求：

① 安装前应检查大便器有无裂纹或缺陷，清除连接大便器承口周围的杂物，检查有无堵塞。

② 安装台阶 P 形存水弯，应在卫生间地面防水前进行。先在大便器下铺水泥焦渣层，周围铺白灰膏，把存水进口中心线对准大便器排水口中心线，将弯管的出口插入预留的排水支管甩口。用水平尺对便器找平找正，调整平稳，大便器两侧砌砖抹光。

③ 安装步合 S 形存水弯，应采用水泥砂浆稳固存水弯管底，其底座标高应控制在室内地面的同一高度，存水弯的排水口应插入排水支管甩口内，用油麻和腻子将接口处抹严抹平。

④ 冲洗管与大便器出水口用橡胶碗连接，用 14 号铜丝错开 90°拧紧，绑扎不少于两道。橡皮碗周围应填细沙，便于更换橡皮碗及吸收少量渗水。在采用花岗岩或通体砖地面面层时，应在橡皮碗处留一小块活动板，便于取下维修。

⑤ 将水箱的冲洗洁具组装后，做满水试验，在安装墙面画线定位，将水箱挂装稳固。若采用木螺钉，应预埋防腐木砖，并凹进墙面 10mm。固定水箱还可采用 ϕ6mm 以上的膨胀螺栓。蹲式大便器（P形存水弯）安装如图 6-35 所示。

（2）低水箱坐式大便器（简称坐便器）安装施工要求：

① 坐便器底座与地面面层固定可分为螺栓固定和无螺栓固定两种方法。

坐便器采用螺栓固定，应在坐便器底座两侧螺栓孔的安全位置上画线、剔洞、安装螺栓或嵌木砖、螺孔灌浆，进行坐便器试安装，将坐便器排出管口和排水甩口对准，找正找平，并抹匀油灰，使坐便器落座平稳。

坐便器采用无螺栓固定，即坐便器可直接稳固在地面上。坐便器定位后可进行试安装，将排水短管抹匀胶黏剂插入排出管甩口。同时在坐便器的底盘抹油灰，排出管口缠绕麻丝、抹匀油灰，使坐便器直接稳固在地面上。压实后擦去剂出油灰，用玻璃胶封闭底盘四周。

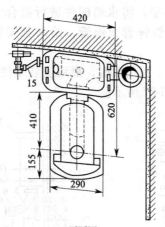

(a) 平面图

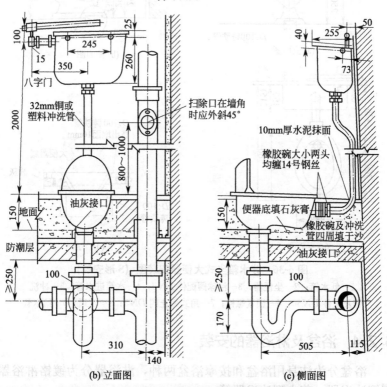

(b) 立面图　　　　(c) 侧面图

图 6-35　蹲式大便器（P 形水封存水变）安装

② 根据水箱的类型，将水箱配件进行组合安装，安装方法同前。水箱进水管采用镀锌管或铜管，给水管安装应方向正确，接口严密。

③ 在卫生间装饰工程结束时，最后安装坐便器盖。坐式大便器安装图如图 6-36、图 6-37 所示。

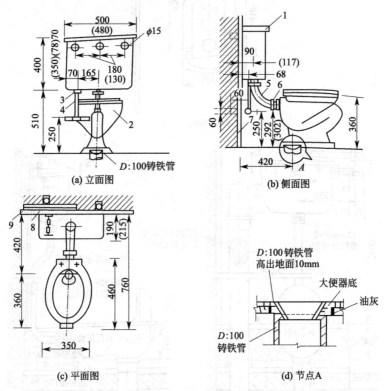

(a) 立面图

(b) 侧面图

(c) 平面图

(d) 节点A

图 6-36　分水箱坐式大便器安装图（S 形安装）

1—低水箱；2—坐便器；3—浮球阀配件 *DN*5；4—水箱进水管；5—冲洗管及配件 *DN*50；6—锁紧螺栓；7—角式截止阀 *DN*5；8—三通；9—给水管

6.2.4　浴盆及淋浴器的安装

浴盆分为洁身用浴盆和按摩浴盆两种，淋浴器分为镀铬淋浴器、钢管沐浴器、节水型沐浴器等。

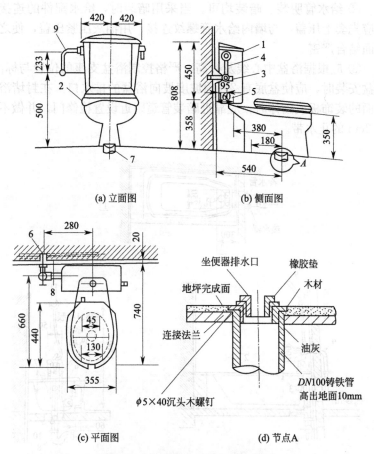

(a) 立面图 (b) 侧面图

(c) 平面图 (d) 节点A

图6-37 带水箱坐式大便器安装图

1—低水箱；2—坐便器；3—浮球阀配件 DN5；4—水箱进水管；5—冲洗管
及配件 DN50；6—锁紧螺栓；7—角式截止阀 DN5；8—三通；9—给水管

浴盆安装施工工艺流程为画线定位→砌筑支墩→浴盆安装→砌挡墙。

（1）浴盆安装

① 浴盆排水包括溢水管和排水管，溢水口与三通的连接处应加橡胶圈，并用螺母锁紧。排水管端部经石棉绳抹油灰与排水短管连接。

② 给水管明装、暗装均可。当采用暗装时，给水配件的连接短管应先套上压盖，与墙内给水管螺纹连接，用油灰压紧压盖，使之与墙面结合严密。

③ 应根据浴盆中心线及标高，严格控制浴盆支座的位置与标高。浴盆安装时，应使盆底有2%的坡度坡向浴盆的排水口。在封堵浴盆立面的装饰板或砌体时，应靠近暗装管道附近设置检修门，并做不低于2cm 的止水带。

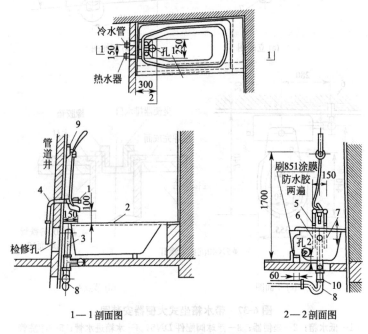

图6-38 浴盆安装图

1—浴盆三联混合龙头；2—裙板浴盆；3—排水配件；
4—弯头；5—活接头；6—热水管；7—冷水管；8—存
水弯；9—喷头固定架；10—排水管

④ 裙板浴盆安装时，若侧板无检修孔，应在端部或楼板孔洞设检查孔；无裙板浴盆安装时，浴盆距地面0.48m。

⑤ 淋浴喷头与混合器的锁母连接时，应加橡胶垫圈。固定式喷头立管应设固定管卡；活动喷头应设喷头架；用螺栓或木螺钉固定在

安装墙面上。

⑥ 冷、热水管平行安装，热水管应安装在面向的左侧，冷水管应安装在右侧。冷、热水管间距离为 150mm。

（2）淋浴器安装　淋浴器喷管与成套产品采用锁母连接，并加垫橡胶圈；与现场组装弯管连接一般为焊接。淋浴器喷头距地面不低于 2.1m。

浴盆安装图如图 6-38 所示。

第7章

水电工常用工具仪表

7.1　常用工具

7.1.1　测量工具

　　常用测量工具有普通盒尺、游标卡尺、钢直尺和 90°角尺和平板尺等，如图 7-1 所示。游标卡尺是一种精密工具，其读数精度一般为 0.02mm，主要用于半成品画线，不允许用它在毛坯上画线。

　　游标卡尺测量值读数分以下 3 步进行：

　　（1）读整数。游标零线左边尺身上的第一条刻线是整数的 mm 值。

　　（2）读小数。在游标上找出一条刻线与尺身刻度对齐，从副尺上读出 mm 的小数值。

　　（3）将上述两值相加，即为游标卡尺的测得尺寸。

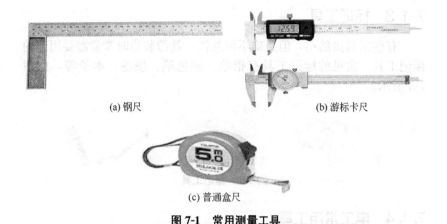

(a) 钢尺   (b) 游标卡尺

(c) 普通盒尺

图 7-1 常用测量工具

7.1.2 水平垂直检查工具

在装修中，水平垂直以及角度检查工具也是非常关键和常用到的工具。常用于检查墙面等是否水平和方正，以利于后一步的施工，保证装修施工效果。常用的水平垂直检查工具有吊线、垂直检测尺、激光水平仪以及内外直角检测尺，如图 7-2 所示。

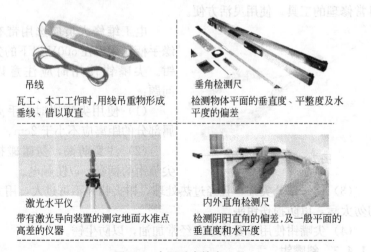

吊线 瓦工、木工工作时,用线吊重物形成垂线、借以取直	垂角检测尺 检测物体平面的垂直度、平整度及水平度的偏差
激光水平仪 带有激光导向装置的测定地面水准点高差的仪器	内外直角检测尺 检测阴阳直角的偏差,及一般平面的垂直度和水平度

图 7-2 水平垂直检查工具

7.1.3 标记工具

有些工具虽然小，但是确不可忽视，就像装修时常常需要用到的标记工具。常见的标记工具有铅笔、颜色笔、便签、本子等，如图7-3所示。

笔

便签

本子

图7-3　标记工具

7.1.4 电工常用工具

7.1.4.1 尖嘴钳

尖嘴钳（见图7-4）也是电工（尤其是内线电工）常用的工具之一。尖嘴钳主要用来剪切线径较细的单股线与多股线以及单股导线接头弯圈、剥塑料绝缘层等。尖嘴钳的头部尖细，适用于狭小的工作空间或带电操作低压电气设备。尖嘴钳可制作小型接线鼻子，也可用来剪断细小的金属丝。它适用于电气仪器仪表制作或维修，又可作家庭日常修理的工具，使用灵活方便。

电工维修人员应选用带有绝缘手柄且耐压在500V以下的尖嘴钳。尖嘴钳使用时应注意以下问题：

（1）使用尖嘴钳时，手离金属部分的距离应不小于2cm。

（2）注意防潮，勿磕碰损坏尖嘴钳的柄套，以防触电。

图7-4　尖嘴钳外形图

（3）钳头部分尖细，且经过热处理，钳夹物体不可过大，用力时切勿太猛，以防损伤钳头。

（4）尖嘴钳使用后要擦净，经常加油，以防生锈。

7.1.4.2 斜嘴钳

斜嘴钳（见图7-5）也是电工常用的工具之一。由于斜嘴钳头部扁斜，又称斜口钳。斜嘴钳专门用于剪断较粗的电线和其他金属丝，其柄部有铁柄和绝缘管套。电工常用的绝缘柄剪线钳，其绝缘柄耐压应为 1000V 以上。

图 7-5　斜嘴钳外形图

7.1.4.3　钢丝钳

钢丝钳是电工常用的工具，因刀口锋利而俗称老虎钳。钢丝钳常用的有 150mm、175mm、200mm、250mm 等多种规格，如图 7-6 所示。

钢丝钳由钳头和钳柄两部分组成。钳头由钳口、齿口、刀口和侧口四部分组成。钢丝钳的用途是夹持或折断金属薄板以及切断金属丝，可代替扳手来拧小型螺母；刀口可用来剪切电线、掀拔铁钉，也可用来剥离 4mm² 及以下导线的绝缘层。

钢丝钳有两种，电工应选用带绝缘手柄的钢丝钳。一般钢丝钳的绝缘护套耐压为 500V，所以只适合在低压带电设备上使用。

图 7-6　钢丝钳外形图

在使用钢丝钳时应注意以下几个问题：

（1）使用钢丝钳前，必须检查绝缘柄的绝缘是否完好。

（2）要保持钢丝钳清洁，注意防潮，勿损坏柄套以防触电。钳轴要经常加油，防止生锈。带电操作时，手与钢丝钳的金属部分保持

2cm 以上的距离。

7.1.4.4 剥线钳

剥线钳（见图 7-7）为内线电工、电机修理电工、仪器仪表电工常用的工具之一。它适宜于塑料导线、橡胶绝缘电线等各种导线的剥皮。使用方法是：将待剥皮的线头置于钳头的边口中，用手将两钳柄一捏，然后松开，绝缘皮便与芯线脱离，如图 7-8 所示。

切口　压线口　钳柄

图 7-7　剥线钳外形图

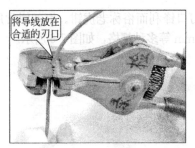

将导线放在合适的刃口

轻轻用力握钳柄，导线绝缘层即可剥开

图 7-8　剥线钳使用图

剥线钳有 165mm 和 180mm 两种规格。它具有结构合理、刃口锋利、强度高、配合精度好、使用灵活、轻便等优点。

7.1.4.5 螺丝刀

螺丝刀又称改锥、起子，是电工和家庭中常用的工具之一。按照螺丝刀刀尖的不同形状，分为一字螺丝刀和十字螺丝刀，其柄把由木柄、塑料、橡胶等柄材料做成。电工常用的螺丝刀长度有 50mm、100mm、150mm 和 300mm 四种。

螺丝刀可以旋转直径为 1～1.5mm、2～4mm、3～8mm 和 10～12mm 的螺钉。十字螺丝刀和配套的一字螺丝刀长度相同。螺丝刀的外形结构及使用方法如图 7-9、图 7-10 所示。

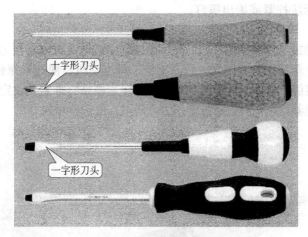

图 7-9　常用的螺丝刀

图 7-10　螺丝刀的使用图

　　螺丝刀主要用于拧紧、放松螺钉及调整元器件（如电位器等）的可调部分。

　　螺丝刀在使用过程中要注意以下几点：

　　（1）螺丝刀不能在带电操作中使用，以免发生漏电。

　　（2）在使用小头较尖的螺丝刀拧松螺钉时，要特别注意用力均匀，保持平直，严防手滑触及其他带电体或者刺伤另一只手。

　　（3）螺丝刀不能当錾子使用，以免损坏螺丝刀柄或刀刃。

　　螺丝刀的操作方法一般以右手的掌心顶紧螺丝刀柄，利用拇指和中指旋动螺丝刀柄，刀刃准确地插入螺钉头的凹槽中，左手扶住螺钉。拧螺钉时，掌心必须顶紧螺丝刀柄，否则有可能使螺钉头的凹槽受伤而无法拧紧或旋出螺钉。

7.1.4.6 电动螺丝刀

电动螺丝刀（见图 7-11）又称电动起子或电批或电动扭力螺丝刀，是近些年新型的电动工具。依靠电流控制电动机，使拧紧螺钉时扭力达到设定值，电动螺丝刀自动停止。可快速将螺钉拧紧到设定的扭力。通过控制器，可实时显示拧紧扭力。使用方便且省时省力。

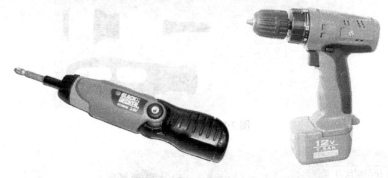

图 7-11　电动螺丝刀外形图

电动螺丝刀使用时注意事项如下：

（1）在插上电源前，应使开关定位在关闭状态，注意电源电压是否适合该机使用。当电动螺丝刀不使用或断电时应将插头拨开。

（2）使用时，不要把扭力调整设定过大。

（3）在更换螺丝刀头时，一定要将电源插头拔离电源插座，且关闭螺丝刀电源。

（4）使用过程中，不要丢或摔或撞击电动螺丝刀。

7.1.4.7 电工刀

电工刀（见图 7-12）是电工常用的一种切削工具。普通的电工刀由刀片、刀刃、刀把、刀鞘组成。用完后，把刀片收缩到刀把内。电工刀适用于电工在装配、维修工作中割去导线绝缘外皮，刮去导线和元器件引线上的绝缘物和氧化物，使之易于上锡以及割削绳索、木桩等。按尺寸分为大、小两号，还有一种多用型的（既有刀片，又有锯片和锥钉），不但可以剖削电线，还可以锯割电线槽板、锥钻底孔，使用起来非常方便。

电工刀的结构与普通小刀相似，比普通刀刚性强、耐用，但造价较高。使用电工刀时注意以下几点：

（1）使用电工刀时切勿用力过猛，以免不慎划伤手臂。

（2）用电工刀切剥导线绝缘层时，千万不要削去线芯。

（3）在圆木上钻穿线孔时，可先用多功能电工刀上的锥子锥个定位孔，然后用扩孔锥将小孔扩大，以便电线顺利穿过。

（4）严禁用电工刀接触带电设备，因为电工刀的手柄不是绝缘的。

图 7-12　电工刀外形图

在家装电工中电工刀可以剥导线的绝缘层。当剥导线绝缘层时，刀略微向内倾斜，刀面与导线成 45°角，这样不易削坏导线线芯。

7.1.4.8　验电器

验电器是一种检验导线和设备是否带电的常用工具，分为低压验电器和高压验电器两种。

低压验电器分为笔式［见图 7-13(a)］和旋具式［见图 7-13(b)］两种。它们的内部结构相同，主要由电阻、氖管、弹簧组成。

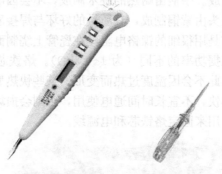

(a) 笔式低压验电器　　　(b) 旋具式低压验电器

图 7-13　低压验电器

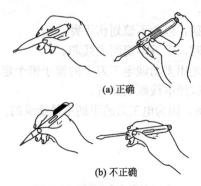

(a) 正确

(b) 不正确

图 7-14　低压验电器的握法

图 7-14(a) 所示为正确使用低压验电器的握法,而图 7-14(b) 所示为不正确使用验电器的握法。

只有带电体与地之间至少有 60V 的电压,验电器的氖管就可以发光。

使用验电器时,氖管窗口应在避光的一面,方便观察。

7.1.4.9　电烙铁

电烙铁是电子产品生产与维修中不可缺少的焊接工具。电烙铁主要利用电加热电阻丝或 PTC 加热元件产生热能,并将热量传送到烙铁头来实现焊接。电烙铁有内热式、外热式和电子恒温式等多种。

(1) 内热式电烙铁。内热式电烙铁的烙铁头插在烙铁芯上,具有发热快、效率高的特点,根据功率的不同,通电 2～5min 即可使用。烙铁头的最高温度可达 350℃。内热式电烙铁的优点是重量轻、体积小、发热快、耗电省、热效率高,因此很适合在电子产品生产与维修中使用,在焊机维修中主要用于维修电控板。常用的内热式电烙铁有 20W、25W、30W、50W 等多种。电子设备修理一般用 20～30W 内热式电烙铁就可以了。

① 结构。如图 7-15 所示,电烙铁由外壳、手柄、烙铁头、烙铁芯、电源线等组成。手柄由耐热的胶木制成,不会因电烙铁的热度而损坏手柄。烙铁头由紫铜制成,其质量的好坏与焊接质量的好坏有很大关系。烙铁芯是用很细的镍铬电阻丝在瓷管上绕制而成的,在常态下它的电阻值根据功率的不同(为 1～3kΩ)。烙铁芯外壳一般由无缝钢管制成,因此不会因温度过热而变形。某些快热型烙铁为黄铜管制成,由于传热快,不宜长时间通电使用,否则会损坏手柄。接线柱用铜螺钉制成,用来固定烙铁芯和电源线。

图 7-15　内热式电烙铁的外形及结构

② 使用。新电烙铁在使用前应该用万用表测电源线两端的阻值，如果阻值为零，说明内部碰线，应拆开，将电线处断开再插上电源；如果没有阻值，多数是烙铁芯或引线断；如果阻值在 $3k\Omega$ 左右，再插上电源，通电几分钟后，拿起电烙铁在松香上蘸，正常时应冒烟并有"吱吱"声，这时再蘸锡，让锡在电烙铁上蘸满才好焊接。

注意：一定要先将烙铁头蘸在松香上再通电，防止烙铁头氧化，从而可延长其使用寿命。

(2) 焊接。拿起电烙铁不能马上焊接，应该先在松香或焊锡膏（焊油）上蘸一下（目的是：一是去掉烙铁头上的污物；二是试验温度），而后再去蘸锡，初学者应养成这一良好的习惯。待焊的部位应该先着一点焊油，过脏的部位应先清理干净，再蘸焊油去焊接。焊油不能用得太多，不然会腐蚀电路板，造成很难修复的故障，因此尽可能使用松香焊接。电烙铁通电后，电烙铁头应高于手柄，否则手柄容易烧坏。如果电烙铁过热，应该把烙铁头从芯外壳上向外拔出一些；如果温度过低，可以把烙铁头向里多插一些，从而得到合适的温度（市电电压低时，不易熔锡）无法保证焊接质量。焊接管子和集成电路等元件时，速度要快，否则容易烫坏元件。但是，必须待焊锡完全熔在电路板和零件脚后才能拿开电烙铁，否则会造成假焊，给维修带来后遗症。

焊接技术看起来是件容易事，但真正把各种机件焊接好还需要一个锻炼的过程。例如焊什么件、需多大的焊点、需要多高温度、需要焊多长时间等，都需要在实践中不断地摸索。

(3) 维修。

① 更换烙铁芯。烙铁芯由于长时间工作，故障率较高。更换时，首先取下烙铁头，用钳子夹住胶木连接杆，松开手柄，把接线柱螺钉松开，取下电源线和坏的烙铁芯。将新芯从接线柱的管口处细心放入芯外壳内，插入的位置应该与芯外壳另一端齐为合适。放好芯后，将芯的两引线和电源引线一同绕在接线柱上紧固好，上好手柄和烙铁头即可。

② 更换烙铁头。烙铁头使用一定时间后会烧得很小，不能蘸锡，这就需要换新的。把旧烙铁头拔下，换上合适的新烙铁头；如果太紧可以把弹簧取下，如果太松可以在未上之前用钳子镦紧。烙铁头最好

使用铜棒车制成的，不应该使用铜等夹心的（两者区分方法为手制的有圆环状的纹，夹芯的没有）。

7.1.4.10 手动压接钳

手动压接钳（见图7-16）可用于电接头与接线端子的连接，可简化烦琐的焊接工艺，提高接合质量。

图7-16 手动压接钳

7.1.4.11 拉紧线器

紧线器用来收紧室内外的导线。拉紧线器由夹线钳头、定位钩、收紧齿轮和手柄等组成，如图7-17所示。使用时，定位钩钩住架线支架或横担，夹线钳头夹住需收紧导线的端部，扳动手柄，逐步收紧。

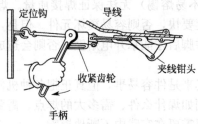

图7-17 紧线器的构造和使用

7.1.4.12 各种扳手

扳手主要用于紧固和拆卸电焊机的螺钉和螺母。扳手主要有活络扳手、开口扳手、内六角扳手、外六角扳手、梅花扳手等。

7.1.4.13 电工用凿

电工用凿按不同的用途分有大扁凿、小扁凿、圆榫凿和长凿等。大扁凿常用来凿制砖结构或木结构建筑物上较大的安装孔；小扁凿常用来凿制砖结构上较小的安装孔；圆榫凿常用来凿制混凝土建筑物的安装孔；长凿则主要用来凿制较厚的墙壁和打穿墙孔。电工用凿按使用对象有冷凿和木凿两种，冷凿用于金属材料的加工，木凿用于木质材料的加工。电工用凿外形图如图 7-18 所示。

与冲击钻配合
使用的电工用凿

单独使用的
电工用凿

图 7-18 电工用凿外形图

在家装电工的线路暗敷时，需要使用电工用凿对墙面进行开槽；在安装接线盒时，同样需要使用是电工用凿进行开槽。当使用电工用凿时，不要将其与墙面成直角，应有一定的倾斜角度最佳，使用锤子敲打电工用凿的尾端，如图 7-19 所示。还有一种电工用凿是与冲击钻配合使用的（见图 7-18），其使用方式与使用冲击电钻的方式极为相同，一直按住电源开关，或在按下电源开关的同时按下锁定开关，电工用凿可以一直工作；若再按一次电源开关，则锁定开关自动弹起，电工用凿停止工作。但在对混凝土的墙面进行开凿时，应当在一小段时间时，停止一段时间的工作，防止电工用凿前端的损坏或断裂。

一手持电工用凿，一
手持锤子开凿墙面

锤子

电工用凿

图 7-19 电工用凿使用方法

7. 1. 4. 14 锤子

锤子是敲打物体使其移动或变形工具。锤子通常可以分为两种形态（见图 7-20）；一种为圆形锤（两端相同的圆形锤头），另一种为羊角锤（一端平坦以便敲击，另一端的形状像羊角，可以将钉子拉出，图 7-21 所示）。

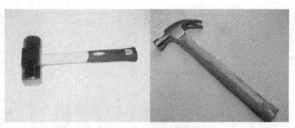

图 7-20　圆形锤与羊角锤

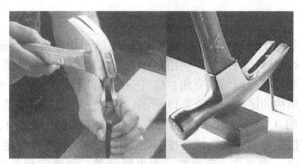

图 7-21　锤子的使用

7.1.4.15　梯子

　　攀高作业常用的梯子有直梯和人字梯两种，如图 7-22 所示。直梯多用于室外攀高作业，人字梯则常用于室内作业。

(a) 直梯　　　　　　(b) 人字梯

图 7-22　梯子

在家装电工中常常需要使用到梯子，例如在室内外安装配电箱、照明灯具等应正确使用梯子，如图 7-23 所示。在使用直梯时，对站姿是有要求的，一只脚要从另一只脚所站梯步高两步的梯空中穿过。电工在使用梯子作业前应先检查梯子是否结实，有无裂痕和蛀虫（指木质材料的梯子），直梯两脚有无防滑材料。在使用人字梯时，应当双脚站在人字梯的同一节梯子上，检查人字梯中间的防滑锁是否锁紧。

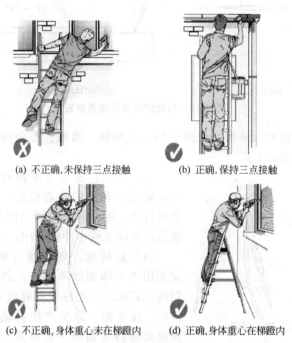

(a) 不正确,未保持三点接触　　　(b) 正确,保持三点接触

(c) 不正确,身体重心未在梯蹬内　　(d) 正确,身体重心在梯蹬内

图 7-23　梯子的正确使用

7.1.5　钳工工具

7.1.5.1　直接绘划工具

直接绘划工具有划针、划规、划卡、划线盘和样冲。

（1）划针。划针［见图 7-24(a)、(b)］是在工件表面划线用的工具，常用 $\phi 3 \sim \phi 6$mm 的工具钢或弹簧钢丝制成并经淬硬处理。有的划针在尖端部分焊有硬质合金，这样划针就更锐利，耐磨性好。划线时，划针要依靠钢直尺或直角尺等导线工具而移动，并向外倾斜 15°～20°，向划线方向倾斜 45°～75°［见图 7-24（c）］。在划线时，要做到尽可能一次划成，使线条清晰、准确。

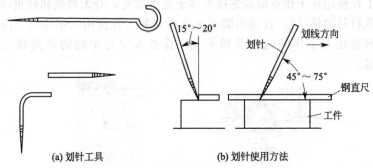

(a) 划针工具　　　　　　　　　(b) 划针使用方法

图 7-24　划针的种类及使用方法

（2）划规。划规（见图 7-25）是划圆、弧线、等分线段及量取尺寸等所用的工具。

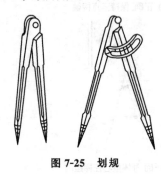

图 7-25　划规

（3）划卡。划卡（单脚划规）主要用来确定轴和孔的中心位置，也可用来划平行线。操作时应先划出四条圆弧线，然后再在圆弧线中冲相同冲点。

（4）划线盘。划线盘（见图 7-26）主要用于立体划线和找正工件位置。用划线盘划线时，要注意划针装夹应牢固，伸出长度要短，以免产生抖动。划线盘底座要保持与划线平台贴紧，不要摇晃和跳动。

（5）样冲。样冲（见图 7-27）是在划好的线上冲眼时使用的工具。冲眼是为了强化显示用划针划出的加工界线，也是使划出的线条具有永久性的位置标记；另外，它也可作为划圆弧时作定性脚点使用。样冲由工具钢制成，尖端处磨成 45°～60°并经淬火硬化。

冲眼时应注意以下几点：

① 冲眼位置要准确，冲心不能偏离线条。

② 冲眼间的距离要以划线的形状和长短而定，直线上可稀，曲

线上则稍密，转折交叉点处需冲点。

③ 冲眼大小要根据工件材料、表面情况而定，薄的可浅些，粗糙的应深些，软的应轻些，而精加工表面禁止冲眼。

④ 圆中心处的冲眼最好打得大些，以便在钻孔时钻头容易对中。

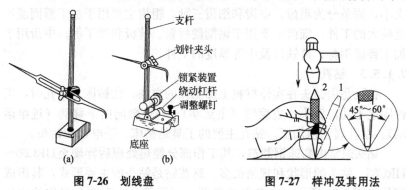

图 7-26　划线盘　　　　图 7-27　样冲及其用法

7.1.5.2　锯削工具

锯削是用手锯对工件或材料进行分割的一种切削加工。锯削工作范围包括分割各种材料或半成品、锯掉工件上多余部分、在工件上锯槽。

虽然当前各种自动化、机械化的切割设备已被广泛应用，但是手锯切削还是常见的（这是因为它具有方便、简单和灵活的特点，不需任何辅助设备，不消耗动力）。在单件小批量生产时，在临时工地以及在切削异形工件、开槽、修整等场合应用很广。手锯包括锯弓和锯条两部分。

锯弓是用来夹持和拉紧锯条的工具，有固定式和可调式两种。固定式锯弓只能安装一种长度规格的锯条。可调式锯弓的弓架分成两段，如图7-28所示。前端可在后段套内移动，可安装几种长度规格的锯条。可调式锯弓使用方便，目前应用较广。

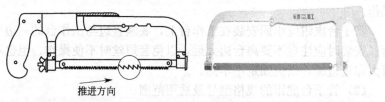

图 7-28　锯弓

锯条由一般碳素工具钢制成。为了减少锯条切削时两侧的摩擦，避免夹紧在锯缝中，锯齿应具有规律地向左右两面倾斜，形成交错式两边排列。

常用的锯条长为300mm，宽为12mm，厚为0.8mm。按齿距的大小，锯条分为粗齿、中齿和细齿三种。粗齿主要用于加工截面或厚度较大的工件；细齿主要用于锯割硬材料、薄板和管子等；中齿用于加工普通钢材、铸铁以及中等厚度的工件。

7.1.5.3 钻孔

钻孔是用钻头在实体材料上加工孔的方法。在钻床上钻孔时，工件固定不动，钻头一边旋转（主运动），一边轴向向下移动（进给运动）。钻孔属于粗加工。钻孔主要的工具是钻床、手电钻和钻头。

钻头通常由高速钢制造，其工作部分经热处理后淬硬至HRC60～HRC65。钻头的形状和规格很多，麻花钻是钻头的主要形式，其组成部分如图 7-29 所示。麻花钻的前端为切削部分，有两个对称的主切削刃。钻头的顶部有横刃，横刃的存在使钻削时轴向压力增加。麻花钻有两条螺旋槽和两条刃带。螺旋槽的作用是形成切削刃和向外排屑，刃带的作用是减少钻头与孔壁的摩擦并导向。麻花钻头的结构决定了它的刚性和导向性均比较差。

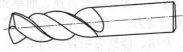

图 7-29　麻花钻的形成

7.1.5.4 管子台虎钳

(1) 管子台虎钳的用途。

管子台虎钳又称管压钳、龙门台虎钳，如图 7-30 所示。它主要用于夹持金属管，以便进行管子切割、螺纹制作、管件安装或拆卸等操作。

管子台虎钳应牢固安装在工作台上，底座直边与工作台的一边平行。安装时应注意不要离台边太远，以免套短丝时不便操作，但也不可太靠近边缘，以免固定不牢固。

(2) 管子台虎钳的规格型号及适用范围。

使用管子台虎钳夹持管子时，管子规格一定要与虎钳型号相适

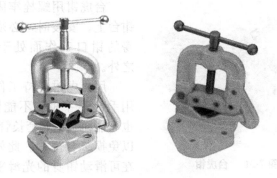

图 7-30　管子台虎钳

应，以免损坏管子、虎钳。管子台虎钳的规格型号及适用范围见表
7-1。

表 7-1　管子台虎钳的规格型号及适用范围

规格型号	适用管子范围 DN/mm
1	12～50
2	22～65
3	50～100
4	62～125
5	100～150

（3）管子台虎钳的使用与维护。

① 制作管螺纹或切割管子时，如果管子较长，应在未夹持的一端加以支撑，否则容易损坏管子台虎钳。

② 使用管子台虎钳前，应检查下钳口是否牢固、上钳口是否灵活，并定时向滑道内注入机油润滑。在夹紧管子或工件操作中，只能转动把手，不得锤击、不得套上长管扳动，否则很容易损坏管子台虎钳。

③ 夹紧脆、软工件时，应用布或铁皮加以包裹，以免损坏工件。

7.1.5.5　台虎钳

台虎钳又称老虎钳，分固定式和转盘式两种，如图 7-31 所示。台虎钳按钳口长度可分为 75mm、110mm、125mm、150mm、200mm 五种规格。

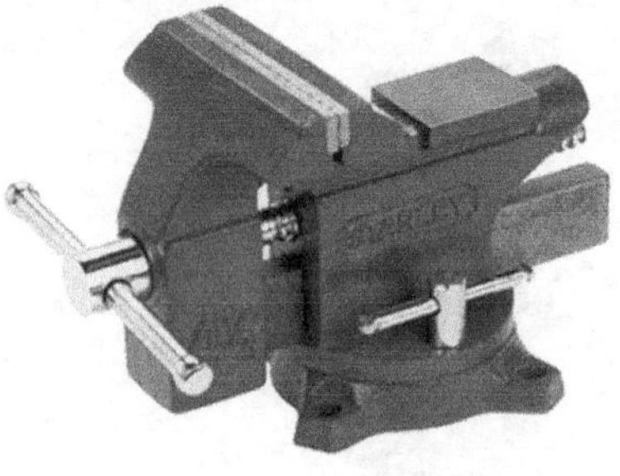

图 7-31　台虎钳

台虎钳用螺栓牢固地安装在钳台上。安装时，必须将固定钳身的钳口工作面处于钳台边缘之外。

用台虎钳夹持工件时，只能用手旋转手柄，不能锤击手柄，也不能在手柄上套长管扳动手柄，以免损坏台虎钳。此外，更不能在可滑动钳身的光滑平面上进行敲击操作。

7.1.6 电动工工具

7.1.6.1　手电钻

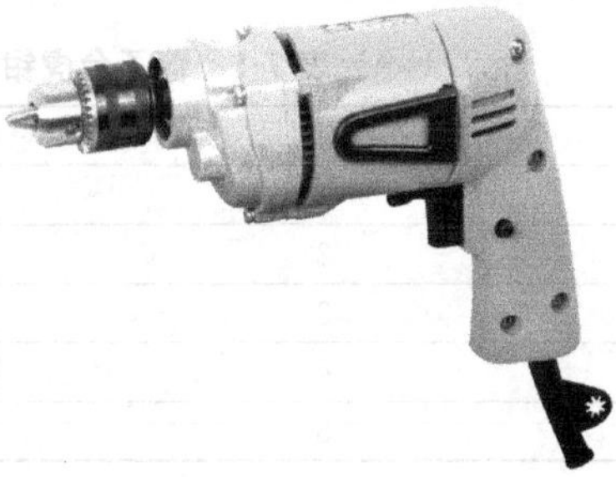

图 7-32　手电钻

手电钻（见图 7-32）是电工在安装维修工作中常用的工具之一，它具有体积小、重量轻等优点，而且还可以随意移动。近年来，手电钻的功能不断扩展，功率也越来越大，不但能对金属钻孔，带有冲击功能的手电钻还能对砖墙打孔。目前常用的手电钻有手枪式和手提式两种，电源一般为 220V，也有三相 380V 的。采用的钻头有两类，一类为麻花钻头，一般用于金属打孔；另一类为冲击钻头，用于在砖和水泥柱上打孔。大多数手电钻采用单相交直流两用串励电动机，它的工作原理是接入 220V 交流电源后，通过整流子将电流导入转子绕组，转子绕组所通过的电流方向和定子励磁电流所产生的磁通方向是同时变化的，从而使手电钻上的电动机按一定方向运转。

使用手电钻时应注意以下几点：

（1）使用前首先要检查电线绝缘是否良好，如果电线有破损处，可用胶布包好。最好使用三芯橡皮软线，并将手电钻外壳接地。

（2）检查手电钻的额定电压与电源电压是否一致，开关是否灵活可靠。

（3）手电钻接入电源后，要用验电笔测试外壳是否带电，不带电时方能使用。操作时需接触手电钻的金属外壳时，应戴绝缘手套，穿电工绝缘鞋并站在绝缘板上。

（4）拆装钻头时应用专用钥匙，切勿用螺丝刀和锤子敲击手电钻夹头。

（5）装钻头时注意钻头与钻夹应保持在同一轴线上，以防钻头在转动时来回摆动。

（6）在使用手电钻过程中，钻头应垂直于被钻物体，用力要均匀。当钻头被钻物体卡住时，应停止钻孔，检查钻头是否卡得过松，重新紧固钻头后再使用。

（7）钻头在钻金属孔过程中，若温度过高，很可能引起钻头退火，为此钻孔时要适量加些润滑油。

（8）钻孔完毕应将电线绕在手电钻上，放置在干燥处以备下次使用。

7.1.6.2　冲击电钻

冲击电钻（见图7-33）常用在建筑物上钻孔，它的用法是：把调节开关置于"钻"的位置，钻头只旋转而没有前后的冲击动作，可作用普通钻使用；置于"锤"的位置，钻头边旋转边前后冲击，便于钻削混凝土或砖结构建筑物墙上打孔。有的冲击电钻调节开关上没有标明"钻"或"锤"的位置，可在

图7-33　冲击电钻

使用前让其空转观察，以确定其位置，如图7-34所示。

遇到较坚硬的工作面或墙体时，不能加压过大，否则将使钻头退火或冲击电钻过载而损坏。电工用冲击电钻可钻3～16mm圆孔，作普通钻时应使用麻花钻头，作冲击钻时应使用专用冲击钻头。

（1）在家装电工中需要使用冲击电钻打眼，安装吊灯底座时，应选用合适的冲击电钻钻头进行安装，并将冲击电钻的模式调整为锤钻模式。

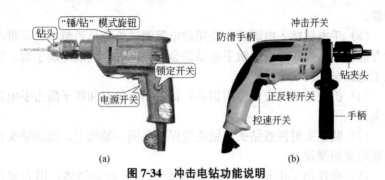

（a）   （b）

图7-34　冲击电钻功能说明

（2）当冲击电钻的模式选择好以后，先按下电源开关，使其开机空转1min以检查冲击电钻的灵活性。使冲击电钻对准天花板需要打孔的位置，按下冲击电钻的电源开关并一直按住电源开关，或在按下电源开关的同时按下锁定开关，冲击电钻可以一直工作。此时若再按一次电源开关，则锁定开关自动弹起，冲击电钻停止工作。

冲击电钻使用时注意事项如下：

（1）电工使用冲击电钻打孔时，虽不要求戴手套或穿绝缘鞋，但应定期对冲击电钻进行安全检查。

（2）在混凝土或砖结构的建筑物上打孔时，应用镶有硬质合金的冲击电钻头。

（3）混凝土中带有钢筋时，要尽量避开，以免发生意外事故。

（4）工作完成后要卸下钻头，对钻头进行清洁。

（5）冲击电钻工作时间不宜过长，否则会出现电动机和钻头过热的现象，应使之暂停工作，等一段时间冷却后再工作。

7.1.6.3　电锤

图7-35　电锤

电锤（见图7-35）是一种具有旋转带冲击力的电动工具，实际上是一种较大功率的冲击电钻，电锤冲击力大，主要用于电气设备安装时在建筑混凝土柱板上钻孔，同时电锤也可用于线路安装敷设，在敷设管道时穿墙凿孔。电锤钻头如图7-36所示。

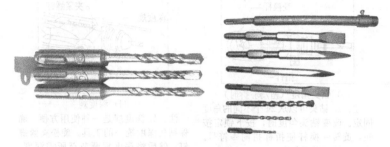

图7-36　电锤钻头

（1）电锤的使用方法如图7-37所示。

侧把手

（a）侧把手

注：1. 在混凝土、砖石等表面钻孔时应务必使用侧把手以确保操作安全。

2. 侧把手可以旋转到任意一侧，在任何位置都能方便地操作工具。逆时针旋转侧把手可使其松开，将其转至所需位置，然后顺时针旋转拧紧侧把手

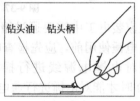

钻头油　钻头柄

（b）安装或拆卸钻头

注：1. 安装钻头前清洁钻头柄并涂抹钻头油。将钻头插入工具。转动钻头，然后将其推入直至啮合。

2. 卸下钻头时向下拉动夹盘壳直至拔出钻头。

钻头

夹盘壳

（c）

注：1. 如无法推入钻头，需将其卸下。向下拉动夹盘壳若干次。然后再插入钻头。转动钻头，然后将其推入，直至啮合。

2. 安装之后，请务必试着拉动钻头，确认钻头已经固定到位。

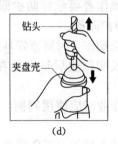

钻头

夹盘壳

（d）

图7-37

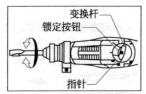

(e) 钻头角度（凿/剥/拆时）

注：1. 钻头可以从 24 个不同的角度固定。改变钻头角度时，按下锁定按钮，旋转变换杆使指针指向⚓符号。将钻头转到所需角度。

2. 按下锁定按钮，旋转变换杆使指针指向？符号。然后略微转动钻头，以确认钻头是否固定到位

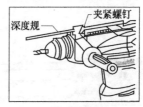

(f) 深度规

注：1. 深度规是一种使用方便、确保钻孔深度统一的工具。旋松夹紧螺钉，然后将深度规调节至所需深度，待完成调节后旋紧夹紧螺钉。

2. 如操作位置会造成深度规撞击齿轮箱电机壳，请勿使用深度规。

图 9-37　电锤的安装使用

在家装电工中需要通过墙面进行敷线时，需要使用电锤进行打孔。在电锤使用前，应先检查电锤电源线是否磨损露线，再用 500V 兆欧表对电锤电源线进行摇测，只有在测得它的绝缘电阻超过 0.5MΩ 时才能对电锤进行通电运行。检查完毕后，首先将电锤通电空转 1min，以确定锤头部分是否灵活、有无异常杂音等，在确定其正常后才能使用。使用电锤进行作业时，先握住两个手柄，将钻头垂直顶在墙面上，按下启动开关。对墙面钻孔时不要用力过大，稍加用力即可。

(2) 使用电锤时防护注意事项如下：

① 操作者要戴好防护眼镜，以保护眼睛、当面部朝上作业时，要戴上防护面罩。

② 长期作业时要塞好耳塞，以减轻噪声的影响。

③ 长期作业后钻头处在灼热状态，在更换时应注意防止灼伤肌肤。

④ 作业时应使用侧柄，双手操作，以防止堵转时反作用力扭伤胳膊。

⑤ 站在梯子上工作或高处作业时应采取防高处坠落措施，梯子应有地面人员扶持。

(3) 作业前应注意事项如下：

① 确认现场所接电源与电锤铭牌是否相符，是否接有漏电保护器。

② 钻头与夹持器应适配，并妥善安装。

③ 钻凿墙壁、天花板、地板时，应先确认有无埋设电缆或管道等。

④ 在高处作业时，要充分注意下面的物体和行人安全，必要时设警戒标志。

⑤ 确认电锤上开关是否切断，若电源开关接通，则插头插入电源插座时电动工具将出其不意地立刻转动，从而可能招致人员伤害危险。

⑥ 若作业场所在远离电源的地点，需延伸线缆时，应使用容量足够，安装合格的延伸线缆。延伸线缆如通过人行过道，应高架或采取防止线缆被碾压损坏的措施。

（4）"带冲击钻孔"作业注意事项如下：

① 将工作方式旋钮拨至冲击钻孔位置。

② 把钻头放到需钻孔的位置，然后拨动开关触发器。锤钻只需轻微推压，让切屑能自由排出即可，不用使劲推压。

（5）"凿平、破碎"作业时注意事项如下：

① 将工作方式旋钮拨至"单锤击"位置。

② 利用钻机自重进行作业，不必用力推压。

（6）"钻孔"作业时注意事项如下：

① 将工作方式旋钮拨至"钻孔"（不锤击）位置。

② 把钻头放到需钻孔的位置上，然后拨动开关触发器，轻推即可。

（7）检查钻头：使用迟钝或弯曲的钻头，将使电动机过负荷面工况失常，并降低作业效率。因此，若发现这类情况，应立刻处理更换。

（8）检查电锤器身紧固螺钉：由于电锤作业产生冲击，易使电锤机身安装螺钉松动，应经常检查其紧固情况。若发现螺钉松了，应立即重新拧紧，否则会导致电锤故障。

（9）检查电刷：电动机上的电刷是一种消耗品，其磨耗度一旦超出极限，电动机将发生故障。因此，磨耗了的电刷应立即更换，此外电刷必须常保持干净状态。

（10）检查保护接地线：保护接地线是保护人身安全的重要措施，因此 I 类器具（金属外壳）应经常检查其外壳应有良好的接地。

（11）检查防尘罩：防尘罩旨在防护尘污侵入内部机构，若防尘罩内部磨坏，应即刻加以更换。

7.1.6.4 云石机

云石机（见图7-38）指石材切割机，可以用来切割石料、瓷砖、木料等。不同的材料选择相适应的切割片。

（1）云石机的安装：

第一步，去除云石机原底架。注意测一下固定点的间距，如图7-39所示。

图7-38 云石机　　　　　　　　图7-39 测固定点间距

第二步，调整前调节固定螺钉与后调节固定螺钉，与云石机长度相匹配，拧紧螺钉固定，图7-40所示。

第三步，调整前云石机固定架螺钉，使云石机锯片至合适位置，并拧紧螺钉固定，如图7-41所示。

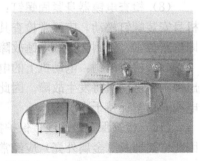

图7-40 调节固定螺丝　　　　　图7-41 调整前云石机固定架螺丝

第四步，把云石机固定在前云石机固定架上。选择位置时，云石机与底架尽量保持水平，如图 7-42 所示。

第五步，拧紧云石机固定螺钉把云石机固定在后云石机固定架上；如图 7-43 所示。

图 7-42　把云石机固定
在前云石机固定架上

图 7-43　把云石机固定
在后云石机固定架上

第六步，调整后云石机调节固定螺钉，使云石机锯片与底架的边保持水平（必需），并拧紧螺钉固定；如图 7-44 所示。

第七步，把云石机放在滑轨上，调整 45°角，确保锯片和轨道有间隙 5mm 左右，如无间隙，重新回转，图 7-45 所示。

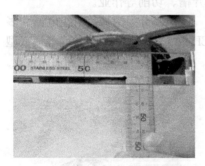

图 7-44　调整后云石机调节固定螺丝

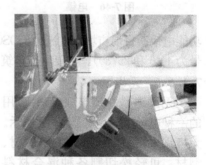

图 7-45　把云石机放在滑轨上

（2）云石机操作规程如下：

① 工作前穿好工作服，带好防目镜，女工长发应盘起并戴上工作帽。对电源闸刀开关、锯片的松紧度、锯片护罩或安全挡板进行详细检查，操作台必须稳固，夜间作业应有足够的照明。打开总开关，

空载试转几圈，待确认安全后才允许启动。

②工作时严禁戴手套操作。如在操作过程中会引起灰尘，要戴上口罩或面罩。不得试图切锯未夹紧的小工件。本台云石机只允许切割型材。不得进行强力切锯操作，在切割前要使电动机达到全速。不允许任何人站在云石机后面。不得探身越过或绕过云石机，锯片未停止时不得从云石机或工件上松开任何一只手或抬起手臂。护罩未到位时不得操作，不得将手放在距锯片15cm以内。维修或更换配件前必须先切断电源，并等锯片完全停止。发现有不正常声音，应立刻停止检查。

③工作后关闭总电源，并清洁、整理工作台和场地。

7.1.6.5　电镐

电镐（见图7-46）是以单相串励电动机为动力的双重绝缘手持式电动工具。它具有安全可靠、效率高、操作方便等特点，广泛应用于管道敷设、机械安装、给排水设施建设、室内装修、港口设施建设和其他建设工程施工，适用于镐钎或其他适当的附件，如凿子、铲等对混凝土、砖石结构、沥青路面进行破碎、凿平、挖掘、开槽、切削等作业。

图 7-46　电镐

电镐分为两种：单相电镐和多功能电镐。目前市场上主流为 BOSCH 和 DEWALT 的多功能电镐（型号为4-46和25730），主要用于建筑、铁路建设、城建单位和加固行业。

7.1.6.6　无齿锯

无齿锯是在铁艺加工中常用的一种电动工具，如图7-47所示。无齿锯可以切断铁质线材、管材、型材，可轻松切割各种混合材料（包括钢材、铜材、铝型材、木材等）。两张锯片反向旋转切割使整个切割过程没有反冲力。无齿锯用于抢险救援中切割木头、塑料、铁皮等物。

图 7-47　无齿锯

无齿锯就是没有齿但可以实现"锯"的功能的设备，是一种简单的机械。无齿锯的主体是一台电动机和一个砂轮片，可通过皮带连接或直接在电动机轴上固定。

切削过程是通过砂轮片的高速旋转，利用砂轮微粒的尖角切削物体，同时磨损的微粒掉下去，新的锋利的微粒露出来，利用砂轮自身的磨损切削。实际上是有无数个齿。

7.1.6.7　角向磨光机

角向磨光机（见图 7-48）是电动研磨工具的一种，在国内外研磨工具中最常用，具有切割和打磨各种金属、切割石材、抛光、切割木材等功能。

（1）作业前的检查应符合下列要求：

① 外壳、手柄不得出现裂缝、破损。

② 电缆软线及插头等应完好无损，开关动作正常，保护接零连接正确牢固可靠。

图 7-48　角向磨光机

③ 各部防护罩齐全牢固，电气保护装置可靠。

（2）机具启动后，应空载运转，检查并确认机具联动灵活无阻。作业时，加力应平稳，不得用力过猛。

（3）使用砂轮的机具，应检查砂轮与接盘间的软垫并安装稳固，螺母不得过紧。凡受潮、变形、裂纹、破碎、磕边缺口或接触过油、碱类的砂轮片均不得使用，并不得将受潮的砂轮片自行烘干使用。

（4）砂轮应选用增强纤维树脂型，其安全线速度不得小于 80m/s。配用的电缆与插头应具有加强绝缘性能，并不得任意更换。

（5）磨削作业时，应使砂轮与工作面保持 15°～30°的倾斜位置；切削作业时，砂轮不得倾斜，并不得横向摆动。

（6）严禁超载使用。作业中应注意音响及温升，发现异常应立即停机检查。若作业时间过长，且机具温升超过 60℃，应停机，待自然冷却后再行作业。

（7）作业中，不得用手触摸刃具、模具和砂轮。发现其有磨钝、破损情况时，应立即停机修整或更换，然后再继续进行作业。

（8）机具转动时，不得撒手不管。

7.1.7　管工工具

7.1.7.1　PPR 热熔机

PPR 热熔机也称热合器、热合机等，适用于加热对接 PPR 管。PPR 热熔机简单实用，小型价格在 30 元左右。PPR 热熔机现有可调节温控和固定温控两种，如图 7-49 所示。

图 7-49　PPR 热熔机

（1）安装前检查拖线板、电线、插头、插座是否完好，热容器具是否松动或损坏，专用减管是否完好。检查管材、管件是否为同一品牌。

（2）正规厂家生产的热熔机一般有红绿指示灯，红灯代表加温，绿灯代表恒温，第一次亮绿灯时不可使用，必须第二次亮绿灯时方可使用。热熔时温度在 $260\sim280℃$；低于或高于该温度都会造成连接处不能完全熔合，留下渗水隐患。

（3）对每根管材的两端在施工前应检查是否损伤，以防止运输过程中对管材产生损害。如有损害或不确定，管安装时端口应减去 $4\sim5cm$，并不可用锤子或重物敲击水管，以防管道爆管，相对延长使用寿命。

（4）切割管材必须使端面垂直于管轴线，管材切割应使用专用管子剪。

（5）加热时，无旋转地把管端导入加热模头套内，插入到所标志的深度；同时，无旋转地把管件推到加热模头上，达到规定标志处。

（6）达到加热时间后，立即把管材从加热模具上取下，迅速无旋转地直线均匀插入到已热熔的深度，使接头处形成均匀凸缘，并要控制插进去后的反弹。

$DN20$ 水管加热深度 14mm，加热时间 5s，加工时间 4s，冷却时间 3min。

$DN25$ 水管加热深度 15mm，加热时间 7s，加工时间 4s，冷却时间 3min。

$DN32$ 水管加热深度 16.5mm，加热时间 8s，加工时间 4s，冷却时间 4min。

$DN40$ 水管加热深度 18mm，加热时间 12s，加工时间 6s，冷却时间 4.5min。

$DN50$ 水管加热深度 20mm，加热时间 18s，加工时间 6s，冷却时间 5min。

$DN63$ 水管加热深度 24mm，加热时间 24s，加工时间 7s，冷却时间 6min。

（7）在上述规定的加工时间内，刚熔接好的接头还可校正，可少量旋转；但超过加工时间，严禁强行校正。注意：接好的管材和管件不可有倾斜现象，要做到基本横平竖直，避免在安装龙头时角度不对不能正常安装。

（8）在规定的冷却时间内，严禁让刚加工好的接头处承受外力。模具接头如图 7-50 所示。

$DN20/4$分　$DN25/6$分　$DN32/1$寸　$DN40/1$寸2　$DN50/1$寸半　　$DN50/1$寸半

图 7-50　模具接头

PPR 热熔机操作过程如下。

（1）检查模头是否完整如图 7-51 所示。

（2）用螺丝将模头固定在加热板上，如图 7-52 所示。

图 7-51　检查模头

图 7-52　用螺丝将模头固定

（3）用六角扳手加固模头如图 7-53 所示。

（4）按照使用长度裁剪 PPR 管材并保持切面垂直，如图 7-54 所示。

图 7-53　加固模头

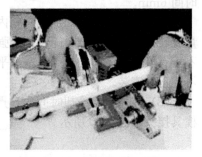
图 7-54　裁剪 PPR 管材

（5）熔接表面无脏污、灰尘，将管材及管件垂直插入热熔焊头，如图 7-55 所示。

图 7-55　将管材及管件垂直插入热熔焊头

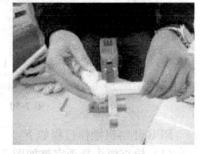
图 7-56　将管材与管件拔出，迅速插入

（6）待充分加热后将管材与管件拔出，迅速垂直插入并维持一段时间，如图7-56所示。正常熔接时，在结合面应有一均匀的熔接面。

7.1.7.2 管钳

管钳又称管子扳手，用于安装或拆卸螺纹连接的钢管和管件，如图7-57所示。

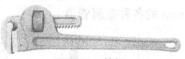

图7-57 管钳

管钳有不同的规格，每种规格均有一定的适用范围，见表7-2。安装不同规格的管子要使用相应规格的管钳。

表7-2 管钳的规格及适用范围

管钳规格/mm	钳口宽度/mm	适用管子范围 DN/mm
200	25	3～15
250	30	3～20
300	40	12～25
350	45	20～32
450	60	32～50
600	75	40～80
900	85	62～100
1050	100	80～125

7.1.7.3 链钳子

链钳子又称链条管钳（见图7-58），用于安装直径较大的螺纹连接的钢管和管件。在管道安装作业场所狭窄无法使用管钳时，也常使用链钳子。

链钳子有不同的规格，每种规格均有一定的适用范围，见表7-3。安装不同规格的管子要使用相应规格的链钳子。

图7-58 链钳子

表7-3 链钳子的规格及适用范围

链钳子规格/mm	350	450	600	900	1200
适用管子规格 DN/mm	22～32	32～50	50～80	80～125	100～200

7.1.7.4 管子割刀

管子割刀（又称割管器，如图 7-59 所示）用于切割壁厚不大于 5mm 的各种金属管道。

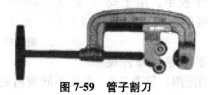

图 7-59 管子割刀

管子割刀有不同的规格，每种规格均有一定的适用范围，见表 7-4。切割不同规格的管子要使用相应规格的管子割刀。

表 7-4 管子割刀的规格型号及适用范围

规格型号	1	2	3	4
适用管子规格 DN/mm	≤25	12～50	22～80	50～100

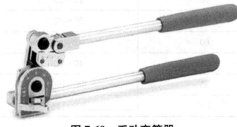

图 7-60 手动弯管器

7.1.7.5 手动弯管器

手动弯管器是冷弯小直径金属管道的工具，图 7-60 所示就是其中一种。

该弯管器用螺栓固定在工作台上，弯管时将管子插入定胎轮和动胎轮之间，管子一端夹持固定，然后推动撬杠，带动管子绕定胎轮转动，直至弯曲到要求角度为止。该弯管器一对胎轮只能弯曲一种规格的管子。

7.1.7.6 手动液压弯管机

手动液压弯管机用于管道冷弯，如图 7-61 所示。

手动液压弯管机的规格型号及适用范围见表 7-5。

表 7-5 手动液压弯管机的规格型号及适用范围

型号	最大弯曲角度/(°)	适用范围 DN/mm
Ⅰ型		15、20、25
Ⅱ型	90	25、32、40、50
Ⅲ型		78、89、114、127

图 7-61　手动液压弯管机

图 7-62　管子铰板

7. 1. 7. 7　管子铰板

管子铰板又称管用铰板，是手工制作管螺纹（外螺纹）的工具，有轻便式和普通式两种类型，如图 7-62 所示。

管子铰板的规格型号及适用范围见表 7-6。

表 7-6　管子铰板的规格型号及适用范围

类型	型号	螺纹种类	规格/in	板牙数/副	适用管径范围/in
轻便型	Q74-1	圆锥	1	5	$1/4$、$3/8$、$3/4$、1
	SH-76	圆柱	$1\frac{1}{2}$	5	$1/2$、$3/4$、$1\frac{1}{4}$、$1\frac{1}{2}$
普通型	114	圆锥	2	3	$1/2$、$3/4$、1、$1\frac{1}{4}$、$1\frac{1}{2}$、2
	117	圆锥	4	2	$2\frac{1}{4}-3$、$3\frac{1}{2}-4$

7. 1. 7. 8　套丝机

套丝机是一种制作管螺纹的小型机械设备，由于同时具有切管功能，故又称为套丝切管机，如图 7-63 所示。

7. 1. 7. 9　手动试压泵

手动试压泵（见图 7-64）是测定受压容器及受压设备的主要测试仪器，最高工作压力可达 800kgf/mm^2，能够正确指出 $0\sim800\text{kgf/mm}^2$ 以内任何阶段的正确压力来做水压试验。手动试压泵广泛用于锅炉、化工、轻工、建筑安装工程、航天、科学系统，专门试验各种受压容器和受压设备、管道阀门、橡胶管件及其他受压装置的耐压性能。

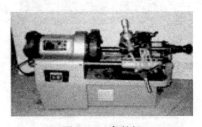

图 7-63 套丝机

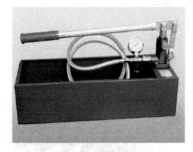

图 7-64 手动试压泵

手动试压泵的操作连接如图 7-65 所示。

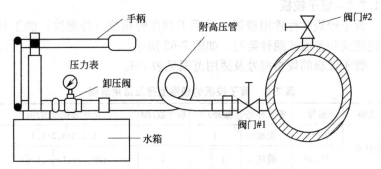

图 7-65 手动试压泵操作连接示意图

手动试压泵操作方法如下：

（1）将高压管与被测管道或容器按图示连接好，将水箱加满水，在油杯中加入润滑脂。

（2）用水充满被测管道或容器，并排出空气后关闭阀门 2。

（3）拧松卸压阀，上下摇动手柄，当有水从卸压阀处射出时，拧紧卸压阀。

（4）打开阀门 1，并上下摇动手柄，对被测管道或容器开始加压。

（5）当压力表读数升高到所需要的压力时，就可以停止摇动手柄加压。此时，如果压力表所示压力不下降，则说明被测管道或容器的耐压性能是好的；如果压力表所示压力下降，则说明被测管道或容器存在泄漏而引起压力下降。

手动试压泵使用注意事项如下：

（1）试压泵开始使用前应详细检查各部件连接处是否拧紧，压力表是否正常，进出水管是否安装好，本泵工作介质为 5～50℃清水、乳化液或运动黏度小于 45mm²/s 的油器。禁止使用有泥沙及其他污杂物的不清洁水。

（2）在试压过程中若发现有任何细微的渗水现象，应立即停止工作进行检查和修理，严禁在渗水情况下继续加大压力。

（3）试压完毕后，先松开放水阀，压力下降，以免压力表损坏。

（4）试压泵不用时，应放尽泵内的水，吸进少量机油，防止锈蚀。

（5）使用的工作介质必须经 100 目/寸过滤网过滤后才能注入水箱，吸入口不能漏出水面。

（6）不宜在有酸碱、腐蚀性物质的工作场合使用。

（7）停止使用后，应用煤油或火油作介质过滤一下。

7.1.7.10 电动试压泵

电动试压泵（以下简称试压泵）适用于水或液压油介质，对各种压力容器、管道、阀门等进行压力试验，亦用于作液压能源，提供所需的压力，适合用于化工、建筑、水暖、石油煤炭、冶炼造船等行业。该机由泵体、开关、压力表、水箱、电动机等组成，如图 7-66所示。

图 7-66　电动试压泵

电动试压泵属于往复式柱塞泵，电动机驱动柱塞，带动滑块运动进而将水注入被试压物体，使压力逐渐上升。

电动试压泵使用方法如下：

（1）检查水箱中水位，连接电源线。

（2）顺时针拧紧手轮开关。

（3）按启动按钮，电动机工作，当压力表指针达到调定的额定压力时，压力不会上去。

（4）试压结束后逆时针拧松开关，介质流回水箱。

电动试压泵使用注意事项如下：

（1）使用前，首先将开关顺时针拧紧。

（2）使用的工作介质必须经 100 目/寸过滤网过滤后才能注入水箱，吸入口不能漏出水面。

（3）不宜在有酸碱、腐蚀性物质的工作场合使用。

（4）停止使用后，应用煤油或火油作介质过滤一下。

（5）电动试压泵不能没有水负载。

（6）工作压力严禁超过泵的额定值。

（7）工作中如出现漏水情况应立即停止使用，

电动试压泵常见故障排除见表 7-7。

表 7-7　电动试压泵常见故障排除

故　障	原　因	排　除　方　法
泵的压力上升太慢或不上升	(1)泄压阀未关严 (2)过滤网堵塞或接头渗漏 (3)柱塞密封圈松动或损坏 (4)水箱内介质低于过滤网 (5)进排水阀不严合	(1)关紧泄压阀 (2)清洗或去除污物,拧紧接头 (3)调整压紧螺母或更换密封圈 (4)加满工作介质 (5)检修、重新研磨阀
泵的压力上升不均匀	(1)有一缸进出水阀搁死或密封不严 (2)有一缸密封圈松动或损坏	(1)根据柱塞运动方向及指针摆动情况判定故障缸,拆下清理配研 (2)同上法判定,及观察渗漏水情况判定故障缸,调整压紧螺母或重新更换密封圈
电动机负荷超载	(1)柱塞密封圈太紧 (2)各处润滑不良 (3)泵超负荷运行	(1)适当放松压紧螺母 (2)补充或更换润滑油 (3)避免超负荷运行
安全阀漏	阀顶锥面密合不良	重新配研,使其密合良好

7.1.7.11　水电开槽机

传统的墙面切槽要先割出线缝后再用电锤、切割机凿出线槽，这种操作方法既复杂又效率低，费工费时不说，操作时噪声严重干扰邻居，灰渣四溅对墙体损坏极为不利。而新型一次成型水电开槽机一次操作就能开出施工所需要的线槽，速度快，不需要辅助其他工具即可一次成型，是旧房明线改暗线、新房装修、电话线、网线、水电线路等理想的开槽工具，如图 7-67 所示。

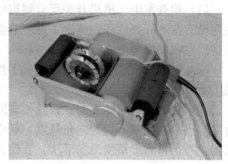

图 7-67　水电开槽机

（1）水电开槽机操作安全事项如下：

① 在有电的电缆线、煤气管道、天然气管道、自来水管道的墙体上作业时，应注意避开。

② 勿将手或者其他物品插入水电开槽机的任何开口，以免造成人身伤害。

③ 应戴上安全护目镜。

④ 应由专业人士操作。

（2）水电开槽机操作前准备如下：

① 使用水电开槽机前，应确认墙壁内是否有带电的导线、自来水管道、天然气或煤气管道等，如果有应作好记号，在作业时应注意避让。

② 在开槽后不要马上用手去触碰刀具、输出轴，因为它们的温度较高会烫伤皮肤。

③ 请参考如下问题进行检查：

a. 刀具看起来是否完好，如果刀具出现裂纹或者齿断裂，应立即更换刀具。

b. 开槽深度调节杆（前导向滚轮）两端螺母是否上紧。

（3）水电开槽机操作步骤如下：

① 将前滚轮上的视向线对准开槽线。

② 将开关反自锁按钮向下压，然后将后手柄向前推动电源开关，机器随之启动。

注意：

（1）检查水电开槽机开关反自锁按钮工作是否正常。如果电源开关在没有按下开头锁杆的情况下就能被激活，则立刻停止操作并将工具送到授权的服务中心。

（2）一只手抓住前手柄，另一只手抓住后手柄，紧紧抓牢并将开关按下。

（3）在电动机启动之前，刀具不应同墙壁接触，要将前导向滚轮为支撑点贴住墙壁，后导向轮悬空，悬空的距离不应状态下才能开启机器，并且将后手柄慢慢向下压，直到刀具切割最大深度时才开始向前开槽。

（4）本开槽机的电源开关为长闭开关，请不要尝试将电源开关锁定"开"的位置。

（5）开动电动机，直到刀具到达最高速时，将后滚轮与墙壁贴死，开始开槽。

（6）在开槽过程中，要尽量以平稳的速度将水电开槽机向前移动。

7.1.7.12　PVC管弯管器

室内PVC管线敷设时常常需要弯管，冷弯管要用到弯管工具。弯管器其实就是一种弹簧，把弯管器穿入管子一掰即可。弧度应该控制在线管直径的10倍左右，这样便于顺利穿线或拆线。

注意：拐管应避免直角死弯。

7.1.8　绝缘安全用具

绝缘安全用具包括绝缘杆、绝缘夹钳、绝缘靴、绝缘手套、绝缘垫和绝缘站台。绝缘安全用具分为基本安全用具和辅助安全用具。前者的绝缘强度能长时间承受电气设备的工作电压，能直接用来操作带电设备。后者的绝缘强度不足以承受电气设备的工作电压，只能加强基本安全用具的保安作用。

7.1.8.1　电工包和电工工具套

电工包和电工工具套用来放置随身携带的常用工具或零散器材（如灯头、开关、保险丝及胶布等）及辅助工具（如铁锤、钢锯）等，如图 7-68 所示。电工包横跨在左侧，内有零星电工器材的辅助工具，以备外出使用。电工工具套可用皮带系结在腰间，置于右臀部，将常用工具插入工具套中，便于随手取用。

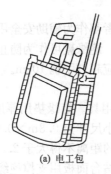

(a) 电工包　　　　　　　　　　(b) 电工工具套

图 7-68　电工包和电工工具套

7.1.8.2　腰带、保险绳和腰绳

腰带、保险绳和腰绳是电工高空作业用品之一，如图 7-69 所示。

腰带用来系挂保险绳。注意腰绳应系结在臀部上端，而不能系在腰间，否则操作时既不灵活又容易扭伤腰部。保险绳起防止摔伤作用。保险绳一端应可靠地系结在腰带上，另一端用保险钩钩挂在牢固的横担或抱箍上。腰绳用来固定人体下部，使用时应将其系结在电杆的横担或抱箍下方，防止腰绳窜出电杆顶端而造成工伤事故。

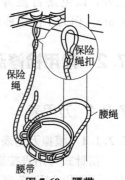

图 7-69　腰带、保险绳和腰绳

7.1.8.3　绝缘杆和绝缘夹钳

绝缘杆和绝缘夹钳都是绝缘基本安全用具。绝缘夹钳只用于 35kV 以下的电气操作，绝缘杆和绝缘夹钳都由工作部分、绝缘部分和握手部分组成。握手部分和绝缘部分用浸泡过绝缘漆的木材、硬塑料、胶木或玻璃钢制成，其间有护环分开。配备不同工作部分的绝缘

杆，可用来操作高压隔离开关和跌落式熔断器、安装和拆除临时接地线和避雷器以及进行测量和试验等项工作。绝缘夹钳主要用来拆除和安装熔断器及其他类似工作。考虑到电力系统内部过电压的可能性，绝缘杆和绝缘夹钳的绝缘部分和握手部分的最小长度应符合要求。绝缘杆工作部分金属钩的长度，在满足工作要求的情况下，不应该超过2～8cm，以免操作时造成相间短路或接地短路。

7.1.8.4 绝缘手套和绝缘靴

绝缘手套和绝缘靴用橡胶制成，二者都作为辅助安全用具，但绝缘手套可作为低压工作的基本安全用具，绝缘靴可作为防止跨步电压的基本安全用具，绝缘手套的长度至少应超过手腕10cm。

7.1.8.5 绝缘垫和绝缘站台

绝缘垫和绝缘站台只作为辅助安全用具。绝缘垫用厚度5mm以上、表面有防滑条纹的橡胶制成，其最小尺寸为0.8m×0.8m。绝缘站台用木板或木条制成。相邻板条之间的距离不得大于2.5cm，以免鞋跟陷入；站台不得有金属零件；绝缘站台面板用支撑绝缘子与地面绝缘，支撑绝缘子高度不得小于10cm；台面板边缘不得伸出绝缘子之外，以免站台翻倾，人员摔倒。绝缘站台最小尺寸为0.8m×0.8m，但为了便于移动和检查，最大尺寸为1.5m×1.0m。

7.2 常用检修测量仪表

7.2.1 万用表

7.2.1.1 模拟万用表

指针式万用表按旋转开关不同可分为单旋转开关型和双旋转开关型。下面以 MF-47 型万用表（见图 7-70）为例进行介绍。

（1）转换开关的读数

① 测量电阻时，转换开关拨至 R×1～R×10k 挡位。

② 测交流电压时，转换开关拨至 10～1000V 挡位。

③ 测直流电压时，转换开关拨至 0.25～1000V 挡位。若测高电压，则将笔插入 2500V 插孔即可。

④ 测直流电流时，转换开关拨至 0.25～247mA 挡位。若测量大

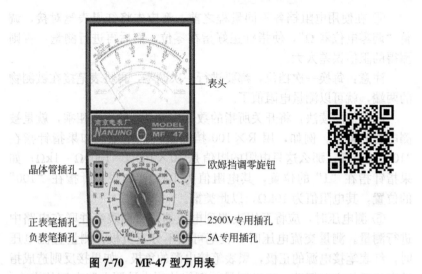

图 7-70 MF-47 型万用表

电流，应把红表笔插入"＋5A"孔内，此时黑表笔还应插在原来的位置。

⑤ 测晶体管放大倍数时，先将挡位开关拨至 ADJ 调整调零，使指针指向右边零位，再将挡位开关拨至 hFE 挡，将晶体管插入 NPN 或 PNP 插座，读第五条线的数值，即为三极管放大倍数值。

⑥ 测负载电流 I 和负载电压 V 时，使用电阻挡的任何一个挡位均可。

⑦ 音频电平 dB 的测量时，应该使用交流电压挡。

(2) 万用表的使用

① 使用万用表之前，应先注意指针是否指在"∞（无穷大）"的位置。如果指针不正对此位置，应用螺丝刀调整机械调零钮，使指针正好处在无穷大的位置。注意：此调零钮只能调半圈，否则有可能会损坏，以致无法调整。

② 在测量前，应首先明确测试的物理量，并将转换开关拨至相应的挡位上，同时还要考虑好表笔的接法；然后进行测试，以免因误操作而造成万用表的损坏。

③ 将红表笔插入"＋"孔内，黑表笔插入"－"或"＊"孔内。如需测大电流、高电压，可以将红表笔分别插入 2500V 或 5A 插孔。

④ 在使用电阻挡各不同量程之前，都应先将红黑表笔对接，调整"调零电位器 Ω"，使指针正好指在零位，而后再进行测量，否则测得的阻值误差太大。

注意：每换一次挡位，都要进行一次调零，再将表笔接在被测物的两端，就可以测量电阻值了。

电阻值的读法：将开关所指的数值与表盘上的读数相乘，就是被测电阻的阻值。例如，用 R×100 挡测量一只电阻，如果指针指在"10"的位置，那么这只电阻的阻值是 $10×100Ω＝1000Ω＝1kΩ$；如果指针指在"1"的位置，其电阻值为 $100Ω$；如果指针指在"100"的位置，其电阻值为 $10kΩ$，以此类推。

⑤ 测电压时，应将万用表调到电压挡并将两表笔并联在电路中进行测量。测量交流电压时，表笔可以不分正负极；测量直流电压时，红表笔接电源的正极，黑表笔接电源的负极，如果接反则造成指针向相反的方向摆动。如果测量前不能估测出被测电路电压的大小，应用较大的量程去试测，如果指针摆动很小，再将转换开关拨到较小量程的位置；如果指针迅速摆到零位，应该马上把表笔从电路中移开，加大量程后再去测量。

注意：测量电压时，应一边观察着表针的摆动情况，一边用表笔试着进行测量，以防电压太高把表针打弯或把万用表烧毁。

⑥ 测直流电流时将表笔串联在电路中进行测量（将电路断开），其中红表笔接电路的正极，黑表笔接电路的负极。测量时应该先用高挡位，如果指针摆动很小，再换低挡位。如需测量大电流，应该用扩展挡。注意：万用表的电流挡是最容易被烧毁的，在测量时千万注意。

⑦ 测量晶体管放大倍数（h_{FE}）时，先把转换开关转到 ADJ 挡（没有 ADJ 挡位则其他型号表面可用 R×1k 挡）调好零位在调，再把转换开关转到 hFE 挡进行测量。将晶体管的 b、c、e 三个极分别插入万用表上的 b、c、e 三个插孔内，PNP 型晶体管插入 PNP 位置，读第四条刻度线上的数值；NPN 型晶体管插入 NPN 位置，读第五条刻度线的数值（均按实数读）。

⑧ 测量穿透电流时，按照"晶体管放大倍数（h_{FE}）的测量"的方法将晶体管插入对应的孔内，但晶体管的"b"极不插入，这时指

针将有一个很小的摆动。根据指针摆动的大小来估测"穿透电流"的大小，指针摆动幅度越大，穿透电流越大，否则就小。由于万用表 CUF、LUH 刻度线及 dB 刻度线应用得很少，在此不再赘述，可参见使用说明。

（3）万用表使用注意事项

① 不能在红黑表笔对接或测量时旋转转换开关，以免旋转到 hFE 挡位时，指针迅速摆动，将指针打弯，甚至有可能烧坏万用表。

② 在测量电压、电流时，应先选用大量程的挡位测量一下，再选择合适的量程去测量。

③ 不能在通电状态下测量电阻，否则会烧坏万用表。测量电阻时，应断开电阻的一端进行测试准确度高，测完后再焊好。

④ 每次使用完万用表，都应该将转换开关调到交流最高挡位，以防止由于第二次使用不注意或外行人乱动烧坏万用表。

⑤ 在每次测量之前，应该先看转换开关的挡位。严禁不看挡位就进行测量，这样有可能损坏万用表，这是一个从初学时就应养成的良好习惯。

⑥ 万用表不能受到剧烈振动，否则会使万用表的灵敏度下降。

⑦ 使用万用表时应远离磁场，以免影响表的性能。

⑧ 万用表长期不用时，应该把表内的电池取出，以免腐蚀表内的元器件。

7.2.1.2　数字万用表

数字万用表是利用模拟/数字转换原理，将被测量模拟电量参数转换成数字电量参数，并以数字形式显示的一种仪表。它比指针式万用表具有精度高、速度快、输入阻抗高、对电路影响小、读数方便准确等优点。数字万用表外形如图 7-71 所示。

数字万用表的使用方法如下：首先打开电源，将黑表笔插入"COM"插孔，红表笔插入"V·Ω"插孔。

（1）电阻测量时将转换开关调节到 Ω 挡，将表笔测量端接于电阻两端，即可显示相应示值，如显示最大值"1"（溢出符号）时必须向高电阻值挡位调整，直到显示为有效值为止。

为了保证测量准确性，在路测量电阻时，最好断开电阻的一端，以免在测量电阻时会在电路中形成回路，影响测量结果。

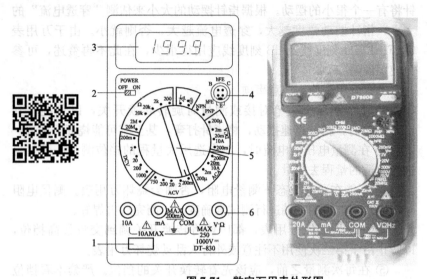

图 7-71　数字万用表外形图

1—铭牌；2—电源开关；3—LCD 显示器；4—h_{FE} 插孔；

5—量程选择开关；6—输入插孔

　　注意：不允许在通电情况下进行在线测量，测量前必须先切断电源，并将大容量电容放电。

　　(2) "DCV"——直流电压测量时表笔测试端必须与测试端可靠接触（并联测量）。原则上由高电压挡位逐渐往低电压挡位调节测量，直到该挡位示值的 1/3～2/3 为止，此时的示值才是一个比较准确的值。

　　注意：严禁以小电压挡位测量大电压。不允许在通电状态下调整转换开关。

　　(3) "ACV"——交流电压测量时表笔测试端必须与测试端可靠接触（并联测量）。原则上由高电压挡位逐渐往低电压挡位调节测量，直到该挡位示值的 1/3～2/3 为止，此时的示值才是一个比较准确的值。

　　注意：严禁以小电压挡位测量大电压。不允许在通电状态下调整转换开关。

　　(4) 二极管测量时将转换开关调至二极管挡位，黑表笔接二极管负极，红表笔接二极管正极，即可测量出正向压降值。

（5）晶体管电流放大系数 h_{FE} 测量时将转换开关调至 hFE 挡，根据被测晶体管选择"PNP"或"NPN"位置，将晶体管正确地插入测试插座即可测量到晶体管的 h_{FE} 值。

（6）开路检测时将转换开关调至有蜂鸣器符号的挡位，表笔测试端可靠地接触测试点，若两者在 $20\Omega\pm10\Omega$，蜂鸣器就会响起来，表示该线路是通的，不响则表示该线路不通。

注意：不允许在被测量电路通电情况下进行检测。

（7）"DCA"——直流电流测量时若被测电流小于 200mA 时红表笔插入 mA 插孔，大于 200mA 则红表笔插入 A 插孔，表笔测试端必须与测试端可靠接触（串联测量）。原则上由高电流挡位逐渐往低电流挡位调节测量，直到该挡位示值的 1/3～2/3 为止，此时的示值才是一个比较准确的值。

注意：严禁以小电流挡位测量大电流。不允许在通电状态下调整转换开关。

（8）"ACA"——交流电流测量时若被测电流低于 200mA 则红表笔插入 mA 插孔，高于 200mA 则红表笔插入 A 插孔，表笔测试端必须与测试端可靠接触（串联测量）。原则上由高流挡位逐渐往低电流挡位调节测量，直到该挡位示值的 1/3～2/3 为止，此时的示值才是一个比较准确的值。

注意：严禁以小电流挡位测量大电流。不允许在通电状态下调整转换开关。

7.2.2　兆欧表

兆欧表俗称摇表，又称绝缘电阻表如图 7-72 所示。兆欧表主要用来测量设备的绝缘电阻，检查设备或线路有没有漏电现象、绝缘损坏或短路。

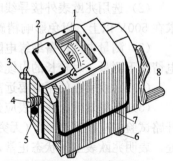

图 7-72　兆欧表外形

1—刻度盘；2—表盘；3—接地接线柱；
4—线路接线柱；5—保护环接线柱；
6—橡胶底脚；7—提手；8—摇柄

与兆欧表指针相连的有两个线圈，其中之一同表内的附加电阻 RF 串联，另外一个和被测电阻 R 串联，然后一起接到手摇发电机上。

用手摇动发电机时,两个线圈中同时有电流通过,使两个线圈上产生方向相反的转矩,指针就随着两个转矩的合成转矩的大小而偏转某一角度,这个偏转角度取决于两个电流的比值。由于附加电阻是不变的,所以电流值仅取决于被测电阻的大小。图 7-73 所示为兆欧表的工作原理与线路。

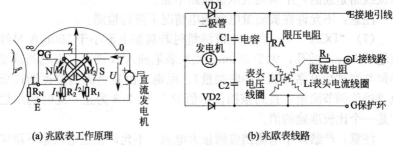

(a) 兆欧表工作原理　　　　　　　(b) 兆欧表线路

图 7-73　兆欧表的工作原理与线路

注意:在测量额定电压在 500V 以上电气设备的绝缘电阻时,必须选用 1000~2500V 兆欧表;测量额定电压在 500V 以下电气设备的绝缘电阻时,则以选用 500V 摇表为应该。

兆欧表使用注意事项如下:

(1) 正确选择其电压和测量范围。

(2) 选用兆欧表外接导线时,应选用单根的铜导线;绝缘强度要求在 500V 以上,以免影响精确度。

(3) 测量电气设备绝缘电阻时,必须先断开设备的电源,在不带电情况下测量。对较长的电缆线路,应放电后再测量。

(4) 兆欧表在使用时要远离强磁场,并且平放。

(5) 在测量前,兆欧表应先做一次开路试验及短路试验,指针在开路试验中应指到"∞"(无穷大)处;而在短路试验中能摆到"0"处,表明兆欧表工作状态正常,方可测电气设备。

(6) 测量时,应清洁被测电气设备表面,避免引起接触电阻大,测量结果有误差。

(7) 在测电容时需注意,电容器的耐压必须大于兆欧表发出的电压值。测完电容后,必须先取下兆欧表线再停止摇动摇把,以防止已充电的电容向兆欧表放电而损坏。测完的电容要进行放电。

（8）兆欧表在测量时，标有"L"的端子应接电气设备的带电体一端，而标有"E"的接地端子应接设备的外壳或地线，如图 7-74（a）所示。在测量电缆的绝缘电阻时，除把兆欧表"接地"端接入电气设备地之外，另一端接线路后还要再将电缆芯之间的内层绝缘物接"保护环"，以消除因表面漏电而引起的读数误差，如图 7-74（b）所示。图 7-74（c）为测架空线路对地绝缘电阻，图 7-74（d）所示为测照明线路绝缘电阻，图 7-74（e）所示为测线路中的绝缘电阻。

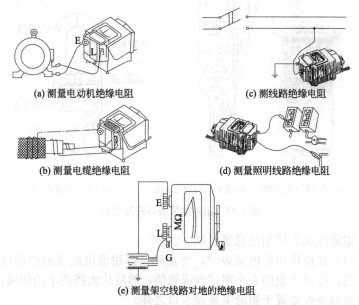

(a) 测量电动机绝缘电阻　　　(c) 测线路绝缘电阻

(b) 测量电缆绝缘电阻　　　(d) 测量照明线路绝缘电阻

(e) 测量架空线路对地的绝缘电阻

图 7-74　兆欧表测量电器线路与电缆示意图

（9）在天气潮湿时，应使用"保护环"以消除绝缘物表面泄流，使被测绝缘电阻比实际值偏低。

（10）使用完兆欧表后也应对电气设备进行一次放电。

（11）使用兆欧表时必须保持一定的转速，按兆欧表的规定一般为 120r/min 左右，在 1min 后取一稳定读数。测量时不要用手触摸被测物及兆欧表接线柱，以防触电。

（12）摇动兆欧表手柄应先慢再快，待调速器发生滑动后，应保持转速稳定不变。如果被测电气设备短路，指针摆动到"0"时应停止摇动手柄，以免兆欧表过电流发热烧坏。

7.2.3 钳形电流表

钳形电流表主要用于测量焊机电流，由电流表头和电流互感线圈等组成。钳形电流表外形及结构如图 7-75 所示。

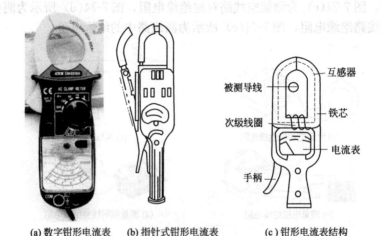

(a) 数字钳形电流表　(b) 指针式钳形电流表　(c) 钳形电流表结构

图 7-75　钳形电流表外形及结构

钳形电流表使用注意事项如下。

(1) 在使用钳形电流表时，要正确选择钳形电流表的挡位位置。测量前，根据负载的大小粗估电流数值，然后从大挡往小挡切换，换挡时被测导线要置于钳形电流表卡口之外。

(2) 检查指针在不测量电流时是否指向零位，若未指零，应用小螺丝刀调整表头上的调零螺钉使指针指向零位。

(3) 测量电动机电流时扳开钳口，将一根电源线放在钳口中央位置，然后松手使钳口闭合。如果钳口接触不好，应检查是否弹簧损坏或有脏污。

(4) 在使用钳形电流表时，要尽量远离强磁场。

(5) 测量小电流时，如果钳形电流表量程较大，可将被测导线在钳形电流表口内多绕几圈，然后去读数。实际的电流值应为仪表读数除以导线在钳形电流表上绕的匝数。

常用图形符号

为了读者自学和读图的需要，也列出了旧标准中的图形符号。

电气工程图中常用图形符号见附表1。

附表1　电气工程图中常用图形符号

新　符　号	说　　明
	开关（机械式）
	多极开关一般符号单线表示
	多极开关一般符号多线表示
	接触器（在非动作位置触点断开）

续表

新 符 号	说 明
	接触器（在非动作位置触点闭合）
	负荷开关（负荷隔离开关）
	具有自动释放功能的负荷开关
	熔断器式断路器
	断路器
	隔离开关
	熔断器一般符号
	跌落式熔断器
	熔断器式开关
	熔断器式隔离开关

续表

新 符 号	说 明
	熔断器式负荷开关
	当操作器件被吸合时延时闭合的动合触点
	当操作器件被释放时延时断开的动合触点
	当操作器件被释放时延时闭合的动断触点
	当操作器件被吸合时延时断开的动断触点
	当操作器件被吸合时延时闭合和被释放时延时断开的动合触点
	按钮开关(不闭锁)
	旋钮开关、旋转开关(闭锁)
	位置开关,动断触点限制开关、动合触点

新 符 号	说 明
	位置开关,动合触点限制开关、动断触点
	热敏开关,动合触点 注:θ 可用动作温度代替
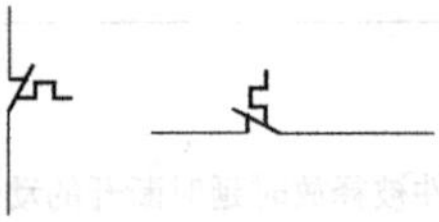	热敏自动开关,动断触点 注:注意区别此触点和下图所示热继电器的触点 
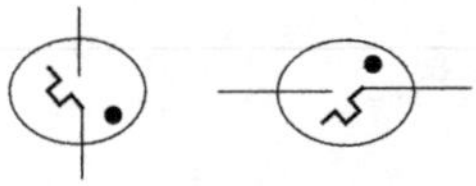	具有热元件的气体放电管荧光灯启动器
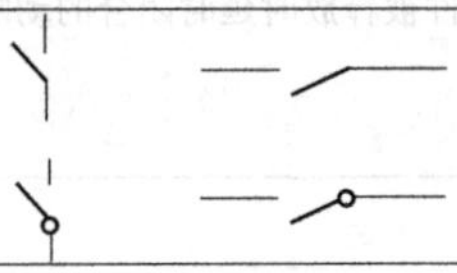	动合(常开)触点 注:本符号也可以用作开关一般符号
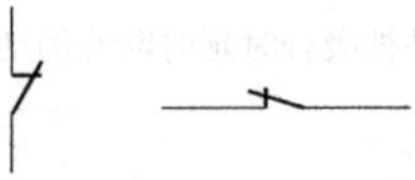	动断(常闭)触点
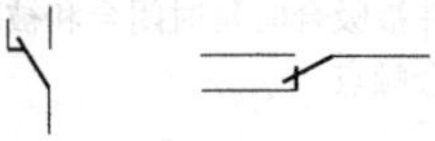	先断后合的转换触点
	当操作器件被吸合或释放时,暂时闭合的过渡动合触点
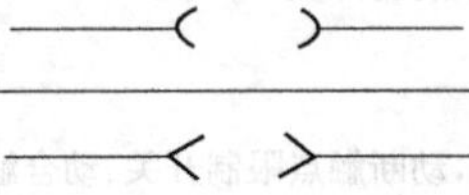	插座(内孔的)或插座的一个极

续表

新　符　号	说　　明
	插头(凸头的)或插头的一个极
	插头和插座(凸头和内孔的)
	接通的连接片
	换接片
	双绕组变压器
	三相变压器 星形-曲折形联结
	操作器件一般符号
	具有两个绕组的操作器件组合表示法
	热继电器的驱动器件
	气体继电器

新 符 号	说 明
	自动重闭合器件
	电阻器一般符号
	具有有载分接开关的三相三绕组变压器,由中性点引出线的星形-三角形联结
	三相三绕组变压器,两个绕组为由中性点引出线的星形,中性点接地,第三绕组为开口三角形联结
	三相变压器 星形-三角形联结
	具有有载分接开关的三相变压器 星形-三角形联结
	可变电阻器 可调电阻器
	滑动触点电位器
	预调电位器
	电容器一般符号

续表

新　符　号	说　　明
	可变电容器 可调电容器
	双联同调可变电容器
⊛	指示仪表(星号必须按规定予以代替)
Ⓥ	电压表
Ⓐ	电流表
Ⓐ 1sinφ	无功电流表
→Ⓦ Pmax	最大需量指示器 (由一台积算仪表操纵的)
var	无功功率表
cos φ	功率因数表
Hz	频率表
θ	温度计、高温计(θ可由$t°$代替)
n	转速表
*	积算仪表、电能表(星号必须按照规定予以代替)
Ah	安培小时计
Wh	电能表(瓦特小时表)
varh	无功电能表
Wh →	带发送器电能表

续表

新　符　号	说　明
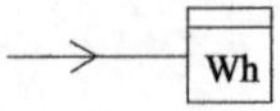 ⟶ Wh	由电能表操纵的遥测仪表(转发器)
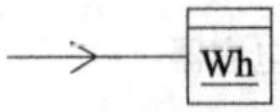 ⟶ Wh	由电能表操纵的带有打印器件的遥测仪表(转发器)
 ∼	交流母线
 ═	直流母线
━●━	装在支柱上的封闭式母线
 ━⌒━	母线伸缩接头

建筑电气工程平面图中常用图形符号见附表2。

附表2　建筑电气工程平面图中常用图形符号

图形符号	说　明	图形符号	说　明
 ∧	单相插座	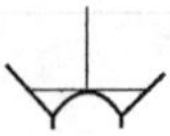 ⩔	带接地插孔的三相插座
 ⬗	暗装	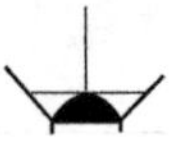 ⬗	暗装
 ⬗	密闭(防水)	 ⩔	带接地插孔的三相插座密闭(防水)
 ⬗	防爆	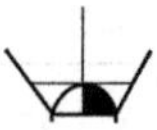 ⩔	防爆
 ⅄	带保护接点插座	 ⊡	插座箱(板)
 ⬗	带接地插孔的单相插座暗装	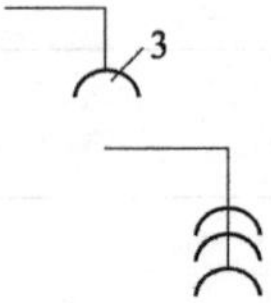 ⤳³	多个插座(示出三个)
 ⬗	密闭(防水)		
 ⬗	防爆	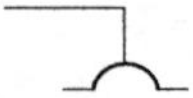 ⌐⌒	具有护板的插座

续表

图形符号	说　明	图形符号	说　明
	具有单极开关的插座		钥匙开关
	具有联锁开关的插座		双极开关
	具有隔离变压器的插座(如电动剃刀用的插座)		暗装
	单极限时开关		密闭(防水)
	双控开关(单极三线)		防爆
	具有指示灯的开关		三极开关
	多拉开关(如用于不同照度)		暗装
	中间开关 等效电路图		密闭(防水)
			防爆
	调光器		单极拉线开关
	限时装置		单极双控拉线开关
	定时开关		灯或信号灯的一般符号
			投光灯一般符号
			聚光灯

续表

图形符号	说　明	图形符号	说　明
	泛光灯		架空交接箱
	示出配线的照明引出线位置		落地交接箱
	在墙上的照明引出线（示出配线向左边）		壁龛交接箱
	荧光灯一般符号		分线盒的一般符号 注:可加注$\frac{A-B}{C}D$ A——编号 B——容量 C——线序 D——用户数
	三管荧光灯		
5	五管荧光灯		
	防爆荧光灯		室内分线盒
	在专用电路上的事故照明灯		室外分线盒
	自带电源的事故照明灯装置（应急灯）		分线箱
	气体放电灯的辅助设备 注:仅用于辅助设备与光源不在一起时		
	警卫信号探测器		壁龛分线箱
	警卫信号区域报警器		
	警卫信号总报警器		避雷针
			电源自动切换箱（屏）
	电缆交接间		电阻箱

续表

图形符号	说　　明	图形符号	说　　明
	鼓形控制器		防水防尘灯
	自动开关箱		球形灯
	刀开关箱		局部照明灯
			矿山灯
	带熔断器的刀开关箱		安全灯
	熔断器箱		隔爆灯
	组合开关箱		天棚灯
	深照型灯		花灯
			弯灯
	广照型灯（配照型灯）		壁灯

附录 2

常用文字符号

常用电气设备、元件文字符号见附表 3。

附表 3　常用电气设备、元件文字符号

设备名称	文字符号	设备名称	文字符号
	新符号		新符号
发电机	G	定子绕组	WS
直流发电机	GD	转子绕组	WR
交流发电机	GA	励磁绕组	WC
同步发电机	GS	电力变压器	TM
异步发电机	GA	控制变压器	TC
永磁发电机	GH	自耦变压器	TA
电动机	M	互感变压器	TR
直流电动机	MD	电炉变压器	TF
交流电动机	MA	稳压器	TS
同步电动机	MS	电流互感器	TA
异步电动机	MA	电压互感器	TV
笼型电动机	MC	熔断器	FU
励磁机	GE	断路器	QF
电枢绕组	WA	接触器	KM

续表

设备名称	文字符号 新符号	设备名称	文字符号 新符号
调节器	A	电压继电器	KV
电阻器	R	时间继电器	KT
压敏电阻器	RV	差动继电器	KD
启动电阻器	RS	功率继电器	KPR
制动电阻器	RB	接地继电器	KE
频敏变阻器	RF	瓦斯继电器	KB
电感器	L	逆流继电器	KR
电抗器	L	中间继电器	KM
启动电抗器	LS	信号继电器	KS
电容器	C	闪光继电器	KFR
整流器	U	热继电器(热元件)	KH
变流器	U	温度继电器	KTE
逆变器	U	重合闸继电器	KRr
变频器	U	阻抗继电器	KZ
压力变换器	BP	零序电流继电器	KCZ
位置变换器	BQ	频率继电器	KF
温度变换器	BT	压力继电器	KP
速度变换器	BV	控制继电器	KC
避雷器	F	电磁铁	YA
母线	W	制动电磁铁	YB
电压小母线	WV	电磁阀	YY
控制小母线	WCL	电动阀	YM
合闸小母线	WCL	牵引电磁铁	YT
信号小母线	WS	起重电磁铁	YL
事故音响小母线	WFS	电磁离合器	YC
预告音响小母线	WPS	开关	Q
闪光小母线	WF	隔离开关	QS
直流母线	WB	控制开关	SA
电力干线	WPM	选择开关(转换开关)	SA
照明干线	WLM	负荷开关	QL
电力分支线	WP	自动开关	QA
照明分支线	WL	刀开关	QK
应急照明干线	WFM	行程开关	ST
应急照明分支线	WE	限位开关	SL
插接式母线	WIB	终点开关	SE
继电器	K	微动开关	SS
电流继电器	KA	接近开关	SP

设备名称	文字符号	设备名称	文字符号
	新符号		新符号
按钮	SB	红色指示灯	HR
合闸按钮	SB	绿色指示灯	HG
停止按钮	SBS	蓝色指示灯	HB
试验按钮	SBT	黄色指示灯	HY
合闸线圈	YC	白色指示灯	HW
跳闸线圈	YT	照明灯	EL
接线柱	X	蓄电池	GB
连接片	XB	光电池	B
插座	XS	电子管	VE
插头	XP	二极管	VD
端子板	XT	三极管	V
测量设备(仪表)	P	稳压管	VS
电流表	PA	晶闸管	VT
电压表	PV	单结晶管	V
有功功率表	PW	电位器	RP
无功功率表	PR	调节器	A
电能表	PJ	放大器	A
有功电能表	PJ	测速发电机	BR
无功电能表	PJR	送话器	B
频率表	PF	受话器	B
功率因数表	PPF	扬声器	B
指示灯	HL		

附录 3

电气设备及线路的标注方法及使用

电气设备及线路的标注方法见附表 4。

附表 4　电气设备及线路的标注方法

标注方式	说明
$\dfrac{a}{b}$ 或 $\dfrac{a}{b}+\dfrac{c}{d}$	用电设备 a——设备编号 b——额定功率，kW c——线路首端熔断片或自动开关释放器的电流，A d——标高，m
(1)$a\dfrac{b}{c}$ 或 $a-b-c$ (2)$a\dfrac{b-c}{d(e\times f)-g}$	电力和照明设备 (1)一般标注方法 (2)当需要标注引入线的规格时 a——设备编号 b——设备型号 c——设备功率，kW d——导线型号 e——导线根数 f——导线截面积，mm² g——导线敷设方式及部位(见附表 5 和附表 6)

标 注 方 式	说 明
(1)$a\dfrac{b}{c/i}$或 $a-b-c/i$ (2)$a\dfrac{b-c/i}{d(e\times f)-g}$	开关及熔断器 (1)一般标注方法 (2)当需要标注引入线的规格时 a——设备编号 b——设备型号 c——额定电流,A i——整定电流,A d——导线型号 e——导线根数 f——导线截面积,mm^2 g——导线敷设方式
$a/b-c$	照明变压器 a——一次电压,V b——二次电压,V c——额定容量,V·A
(1)$a-b\dfrac{c\times d\times L}{e}{}_f$ (2)$a-b\dfrac{c\times d\times L}{-}$	照明灯具 (1)一般标注方法 (2)灯具吸顶安装 a——灯数 b——型号或编号 c——每盏照明灯具的灯泡数 d——灯泡容量,W e——灯泡安装高度,m f——安装方式 L——光源种类
⑮	最低照度⊙(示出 15lx)
(1)a (2)$\dfrac{a-b}{c}$	照明照度检查点 (1)a——水平照度,lx (2)a-b——双侧垂直照度,lx c——水平照度,lx
$\dfrac{a-b-c-d}{e-f}$	电缆与其他设施交叉点 a——保护管根数 b——保护管直径,mm c——管长,m d——地面标高,m e——保护管埋设深度,m f——交叉点坐标

续表

标 注 方 式	说 明
(1) $\underline{\pm 0.000}$ ▽ (2) ▼ $\overline{\pm 0.000}$	安装或敷设标高(m) (1)用于室内平面图、剖面图上 (2)用于总平面图上的室外地面
(1) ——⟍⟍⟍—— (2) ——⟋—— 3 (3) ——⟋—— n	导线根数,当用单线表示一组导线时,若需要示出导线数,可用加小短斜线或画一条短斜线加数字表示 例:(1)表示 3 根 (2)表示 3 根 (3)表示 n 根
(1)—$\dfrac{3\times16}{}\times\dfrac{3\times10}{}$— (2)—×$\dfrac{\phi 2\frac{1}{2}\text{in}}{}$—	导线型号规格或敷设方式的改变 (1)$3\times16\text{mm}^2$ 导线改为 $3\times10\text{mm}^2$ (2)无穿管敷设改为导线穿管 $\left(\phi 2\frac{1}{2}\text{in}\right)$ 敷设(in 即英寸)
V	电压损失,%
—220V	直流电压为 220V
m~fV 3N~50Hz,380V	交流电 m——相数 f——频率,Hz V——电压,V 例:示出交流,三相带中性线 50Hz/380V
L1(可用 A)	相序 交流系统电源第一相
L2(可用 B)	交流系统电源第二相
L3(可用 C)	交流系统电源第三相
U	交流系统设备端第一相
V	交流系统设备端第二相
W	交流系统设备端第三相
N	中性线
PE	保护线
PEN	保护线和中性线共用线

(1) 用电设备的标注

用电设备的标注一般为 $\dfrac{a}{b}$ 或 $\dfrac{a}{b}+\dfrac{c}{d}$,如 $\dfrac{15}{75}$ 表示这台电动机在系统中的编号

为第 15，电动机的额定功率为 75kW；如 $\dfrac{15}{75}+\dfrac{200}{0.8}$ 表示这台电动机的编号为第 15，功率为 75kW，自动开关脱扣器电流为 200A，安装标高为 0.8m；再如 $\dfrac{6}{7}+\dfrac{30}{1.5}$ 表示编号为第 6，功率为 7kW，熔丝电流为 30A，安装标高为 1.5m。

自动开关脱扣器与熔丝的判断区别，一是电动机容量，二是标注数值与电动机额定电流的倍数（倍数≤2 时为自动开关脱扣器，倍数＞2 时为熔丝），其中额定电流取额定功率数值的 2 倍。如 $\dfrac{15}{75}+\dfrac{200}{0.8}$，电动机功率较大，标注数 c 为 200，为额定电流 2×75 的 1.33 倍，因此 200 为自动开关脱扣器的整定值；再如 $\dfrac{6}{7}+\dfrac{30}{1.5}$，电动机功率较小，c 为 30，为额定电流 2×7 的 2.14 倍，因此 30 为熔丝电流。

(2) 电力和照明设备的标注

① 一般标注方法为 $a\dfrac{b}{c}$ 或 a—b—c，如 $5\dfrac{Y200L-4}{30}$ 或 2—(Y200L—4)—30 表示这台电动机在该系统的编号为第 5，型号是 Y 系列笼型异步电动机，机座中心高为 200mm，机座为长机座，四极，同步转速为 1500r/min，额定功率为 30kW。

② 需要标注引入线时的标注为 $a\dfrac{b-c}{d(e\times f)-g}$，如 $5\dfrac{(Y200L-4)-30}{BLX(3\times35)G40-DA}$ 表示这台电动机在系统的编号为第 5，Y 系列笼型电动机，机座中心高为 200mm，机座为长机座，四极，同步转速为 1500r/min，功率为 30kW，三根 35mm^2 的橡胶绝缘铝芯导线穿直径为 40mm 的水煤气钢管沿地板埋地敷设引入电源负荷线。其中，DA（汉语拼音）也可写作 FC（英文）。若用英文标注则为 $5\dfrac{(Y200L-4)-30}{(3\times35)SC40-FC}$，意义同上。

附表 4 中有关 g 的表达含义见附表 5 和附表 6。

附表 5　电气工程图中表达线路敷设方式标注的文字代号

表 达 内 容	标注代号	
	英文代号	汉语拼音代号
用轨型护套线敷设		
用塑制线槽敷设	PR	XC
用硬质塑制管敷设	PC	VG
用半硬塑制管敷设	FEC	ZVG
用可挠型塑制管敷设		
用薄电线管敷设	TC	DG

续表

表 达 内 容	标注代号	
	英文代号	汉语拼音代号
用厚电线管敷设		
用水煤气钢管敷设	SC	G
用金属线槽敷设	SR	GC
用电缆桥架(或托盘)敷设	CT	
用瓷夹敷设	PL	CJ
用塑制夹敷设	PCL	VT
用蛇皮管敷设	CP	
用瓷瓶式或瓷柱式绝缘子敷设	K	CP

附表 6　电气工程图中表达线路敷设部位标注的文字代号

表 达 内 容	标注代号	
	英文代号	汉语拼音代号
沿钢索敷设	SR	S
沿屋架或层架下弦敷设	BE	LM
沿柱敷设	CLE	ZM
沿墙敷设	WE	QM
沿天棚敷设	CE	PM
在能进入的吊顶内敷设	ACE	PNM
暗敷在梁内	BC	LA
暗敷在柱内	CLC	ZA
暗敷在屋面内或顶板内	CC	PA
暗敷在地面内或地板内	FC	DA
暗敷在不能进入的吊顶内	AC	PNA
暗敷在墙内	WC	QA

(3) 配电线路的标注

配电线路的标注一般为 d−b(c×d+n+h)e−f，如 24−BV(3×70+1×50) G70−DA，表示这条线路在系统的编号为第 24，聚氯乙烯绝缘铜芯导线 70mm^2 的三根、50mm^2 的一根，穿直径为 70mm 的水煤气钢管沿地板埋地敷设。若用英文标注则为 24−BV(3×70+1×50)SC70−FC，意义同上。

在工程中若采用三相四线制供电一般均采用上述的标注方式；如为三相三线制供电，则上式中的 n 和 h 为 0；如为三相五线制供电，若采用专用保护零线，则 n 为 2；若用钢管作为接零保护的公用线，则 n 为 1。

上述三例的回路编号在实际工程中有时不单独采用数字，有时在数字的前面或后面常标有字母（英文或汉语拼音），这个字母是设计者为了区分复杂而多个回路时设置的，在制图标准中没有定义，读图时应按设计者的标注去理解。

如 M1 或 1M、或 3M1 等。

（4）照明灯具的标注

照明灯具的标注通常有以下两种：

① 一般标注方法为 $a-b\dfrac{c\times d\times L}{e}f$，如 $5-YZ40RR\dfrac{2\times40}{2.5}L$ 表示这个房间或某一区域安装 8 只型号为 YZ40RR 的荧光灯，直管形、日光色，每只灯有 2 根 40W 灯管，用链吊安装，吊高为 2.5m（指灯具底部与地面距离）。若用英文注则为 $5-YZ40RR\dfrac{2\times40}{2.5}Ch$，意义同上。其中设计者一般不标出光源种类，因为灯具型号已示出光源的种类。

光源种类主要指白炽灯（1N）、荧光灯（FL）、荧光高压汞灯（Hg）、金属卤化物灯、高压钠灯（Na）、碘钨灯（I）、氙灯（Xe）、弧光灯（ARC）及用上述光源组成的混光灯、红外线灯（IR）、紫外线灯（UV）等。如果需要，则在光源种类处标出代表光源种类的括号内的字母。

在有关标注方法中，表达照明灯具安装方式标注的代号及意义见附表 7。

附表 7　电气工程图中表达照明灯具安装方式标注的文字代号

表达内容	标注代号	
	英文代号	汉语拼音代号
线吊式	CP	
自在器线吊式	CP	X
固定线吊式	CP1	X1
防水线吊式	CP2	X2
吊线器式	CP3	X3
链吊式	Ch	L
管吊式	P	G
吸顶式或直附式	S	D
嵌入式（嵌入不可进人的顶棚）	R	R
顶棚内安装（嵌入可进人的顶棚）	CR	DR
墙壁内安装	WR	BR
台上安装	T	T
支架上安装	SP	J
壁装式	W	B
柱上安装	CL	Z
座装	HM	ZH

② 灯具吸顶安装标注方法为 $a-b\dfrac{c\times d\times L}{-}$，各种符号的意义同①（因为是吸顶安装，所以安装方式 f 和安装高度就不再标注）。如果房间灯具的标注为 2

$-\text{JXD}\dfrac{2\times60}{—}$，表示这个房间安装两只型号为 JXD6 的灯具，每只灯具有 2 个 60W 的白炽灯泡，吸顶安装。

这里需要强调说明一点，一般的设计不在图上标注出电气设备、电动机、绝缘导线及灯具的型号，其型号都随图标注在图上的设备及材料表内，这样前述的几种标注即为以下方式，但意义同上：

$$5\dfrac{\text{Y200L}-4}{30}或5-(\text{Y200L}-4)-30\text{ 简化为}\dfrac{5}{30}$$

$$5\dfrac{\text{Y200L}-4}{\text{BLX}(3\times35)\text{G40}-\text{DA}}\text{简化为}5\dfrac{30}{(3\times35)\text{G40}-\text{DA}}或5\dfrac{30}{(3\times35)\text{SC 40}-\text{FC}}$$

$24-\text{BV}(3\times70+1\times50)\text{G70}-\text{DA}$ 简化为 $24(3\times70+1\times50)\text{G70}-\text{DA}$ 或 24 $(3\times70\times+1\times50)\text{SC70}-\text{FC}$

$$8-\text{YZ40RR}\dfrac{2\times40}{2.5}\text{简化为}8\dfrac{2\times40}{2.5}\text{L 或 }8\dfrac{2\times4}{2.5}\text{Ch}$$

$$2-\text{JXD6}\dfrac{2\times60}{—}\text{简化为}2\dfrac{2\times60}{—}$$

另外，图中有关一些电气设备及材料的内容应及时查找电气设备及材料手册，以便核对。

（5）开关及熔断器的标注

① 一般标注方法为 $a\dfrac{b}{c/i}$ 或 $a-b-c/i$，如 m1$\dfrac{\text{DZ20Y}-200}{200/200}$ 或 m9$-(\text{DZ20Y}-200)-200/200$，表示设备编号为 m1（m 是设计者为区分回路而设置的），开关的型号为 DZ200Y$-$200，即为额定电流为 200A 的低压断路器，断路器的整定值为 200A。

② 需 要 标 注 引 入 线 时 的 标 注 方 法 为 $a\dfrac{b-c/i}{d(e\times f)-g}$，如 m1 $\dfrac{(\text{DZ20Y}-200)-200/200}{\text{BV}(3\times50)\text{CP}-\text{LM}}$，若用英文标注则为 m1 $\dfrac{(\text{DZ20Y}-200)-200/200}{\text{BV}(3\times50)\text{K}-\text{BE}}$，表示为设备编号为 m1，开关型号为 DZ20Y-200 低压断路器，整定电流为 200A，引入导线为三根截面积为 50mm^2 塑料绝缘铜线，用瓷瓶沿屋架敷设。

同样，上述的标注也可以用下列方法表达：

$$\dfrac{\text{m1}}{200/200}\text{或 m1}-200/200$$

$$\text{m1}\dfrac{200/200}{(3\times50)\text{CP}-\text{LM}}\text{或}\dfrac{200/200}{(3\times50)\text{K}-\text{BE}}$$

（6）电缆的标注方式

电缆的标注方式基本与配电线路标注的方式相同，如 n20$-\text{YJLV}(3\times185)$，

GE FI XYKGO TX 20，$3 \times 185mm^2$ 的交联聚氯乙烯绝缘聚氯乙烯护套 10kV 电力电缆，用电缆桥架沿车间墙壁敷设（其中英文标注 CT. WE）采用的是，见附表 5 和附表 6，读者可从中找出汉语拼音的标注方式。

当电缆与其他设施交叉时的标注用下面的方式，$\dfrac{a-b-c-d}{e-f}$，如 $\dfrac{4-100-8-1.0}{0.8-f}$，表示 4 根保护管，直径 100m，管长 8m 于标高 1.0m 处且埋深 0.8m，交叉点坐标 f 一般用文字标注，如与××管道交叉，××管应见管道平面布置图。

（7）有关变更的表示方法

导线或电缆型号规格及敷设方式的变更可采用——×——的方式来说明。如 $\dfrac{3 \times 16}{}×\dfrac{3 \times 10}{}$ 表示 $3 \times 16mm^2$ 的导线变为 $3 \times 10mm^2$ 的导线，——×——$\dfrac{\phi 40}{}$ 表示原线路不穿管而现改为穿 $\phi 40mm$ 的管。但在实际中则采用文字说明（如设计变更或图样会审纪要）的形式来进行变更，并有设计者的签字。

其他标注方法详见附表 4～附表 7。

水电工常用电路及基本计算可扫二维码学习。

参 考 文 献

[1]　徐第等．安装电工基本技术．北京：金盾出版社，2001．
[2]　白公，苏秀龙．电工入门．北京：机械工业出版社，2005．
[3]　王勇机．家装预算我知道．北京：机械工业出版社，2008．
[4]　张伯龙．从零开始学低压电工技术．北京：国防工业出版社，2010．
[5]　肖达川．电工技术基础．北京：中国电力出版社，1995．
[6]　曹振华．实用电工技术基础教程．北京：国防工业出版社，2008．
[7]　李显全等．维修电工（初级、中级、高级）．北京：中国劳动出版社，1998．
[8]　金代中．图解维修电工操作技能．北京：中国标准出版社，2002．
[9]　郑凤翼，杨洪升等．怎样看电气控制电路图．北京：人民邮电出版社，2003．
[10]　王兰君，张景皓．看图学电工技能．北京：人民邮电出版社，2004．

电工图书推荐

ISBN	书　名	定价
28982	从零开始学电子元器件（全彩视频）	49.8
29111	西门子 S7-200 PLC 快速入门与提高实例	48
29084	三菱 PLC 快速入门及应用实例	68
28669	一学就会的 130 个电子制作实例	48
28918	维修电工技能快速学	49
28987	新型中央空调器维修技能一学就会	59.8
28840	电工实用电路快速学	39
29154	低压电工技能快速学	39
28914	高压电工技能快速学	39.8
28923	家装水电工技能快速学	39.8
28932	物业电工技能快速学	48
28663	零基础看懂电工电路	36
28866	电机安装与检修技能快速学	48
28479	电工计算一学就会	36
28482	电工操作技能快速学	39.8
28544	电焊机维修技能快速学	39.8
28303	建筑电工技能快速学	28
24149	电工基础一本通	29.8
24088	电动机控制电路识图 200 例	49
24078	手把手教你开关电源维修技能	58
23470	从零开始学电动机维修与控制电路	88

欢迎订阅以上相关图书

图书详情及相关信息浏览：请登录 http：//www.cip.com.cn

购书咨询：010-64518800

邮购地址：北京市东城区青年湖南街 13 号化学工业出版社
（100011）

如欲出版新著，欢迎投稿 E-mail：editor2044@sina.com